U0552185

我本富足

冯映云 著

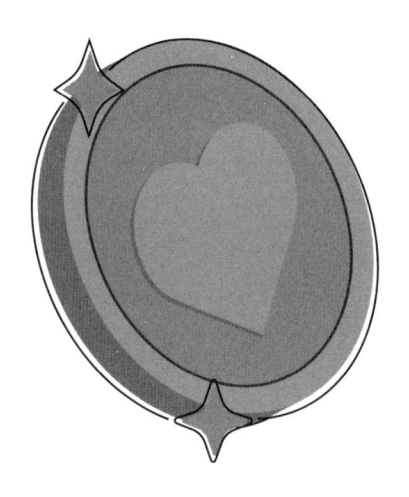

广东人民出版社
·广州·

图书在版编目（CIP）数据

我本富足／冯映云著. -- 广州：广东人民出版社，
2025. 1. -- ISBN 978-7-218-18217-9

Ⅰ. B848.4-49

中国国家版本馆 CIP 数据核字第 2024J49G44 号

WO BEN FU ZU
我本富足

冯映云 著

版权所有 翻印必究

出 版 人：肖风华

策划编辑：赵世平
责任编辑：赵瑞艳
责任技编：吴彦斌

出版发行：广东人民出版社
地　　址：广州市越秀区大沙头四马路 10 号（邮政编码：510199）
电　　话：(020) 85716809（总编室）
传　　真：(020) 83289585
网　　址：http://www.gdpph.com
印　　刷：广东鹏腾宇文化创新有限公司
开　　本：787mm×1092mm　1/16
印　　张：12　插　页：5　字　数：140 千
版　　次：2025 年 1 月第 1 版
印　　次：2025 年 1 月第 1 次印刷
定　　价：68.00 元

如发现印装质量问题，影响阅读，请与出版社（020-87712513）联系调换。
售书热线：(020) 87717307

编委会名单

张新雨　梁海笑

赵　浩　刘惠丽

序 | 言

为何此书被命名为《我本富足》？其灵感源自一个温馨而启迪心灵的生活片段。我儿子九岁时，与我共读《大学》，读到那句"德者本也，财者末也，外本内末，争民施夺"时，他突然停了下来。儿子说，他发现"木"字往上添一横，就变成了"末"；往下加一横，就变成了"本"。而《大学》这寥寥数语就道出了财富、道德与人性的核心矛盾点，这让我震撼不已。

《大学》还有云："生财有大道，生之者众，食之者寡，为之者疾，用之者舒，则财恒足矣。"这告诉我们，财富的创造与积累需遵循正道，广开财路而节俭用度，才能长久持续。"有德此有人，有人此有土，有土此有财，有财此有用"，强调了德行乃是一切财富与繁荣的基石。

看来，真正的富足，远不止于物质的丰盛，它根植于内心的丰盈与精神的饱满。当一个人心灵得到滋养，身心和谐富足之时，那才是他最本真、最美好的状态，才是生命本来应该有的样子。因此，《我本富足》想要传扬的不仅是对物质富足的向往，更是对心灵深处那份宁静与满足的深刻诠释。

在这个看似物质丰裕的时代，我们为何仍常常感到与成功擦肩而过？为何有人拥有无尽财富后，心灵仍感空虚？为何有人视金钱如粪土，有人却因得不到而心生妒忌？

在多年的心理咨询工作中，我观察到，许多人的心理问题、家庭冲突、情感破裂以及亲子矛盾，都与金钱有着千丝万缕的联系。这引发了我对财富与心理关系的深入思考，并促使我深入研究这一领域，试图寻找解决之道。

在研究中，我运用财商理论、积极心理学以及深层潜意识情景对话等方法，帮助来访者梳理清楚与财富相关的问题。我深刻体会到，要打破固有的思维模式，提升对"富足"的认识，就必须深入探索来访者的精神世界。

有句歌词唱得好："世人慌慌张张，不过是图碎银几两。偏偏这碎银几两，能解世间万种慌张。"这恰恰道出了世人在金钱面前的无奈与苦楚。金钱，这个字眼看似简单，却承载着太多的期望与失望。

本书也是一部描绘人生百态与金钱关系的心理咨询案例集。我以咨询师的视角，通过主人公因财而生的烦恼，追溯其社会背景和成长历程，揭示现代社会中人们对金钱的偏见、对家庭关系的纠结，以期陪伴来访者面对困境、解决问题。

在书中，你将读到关于义利之争、原生家庭影响、金钱偏见以及自我疗愈的故事。对这些故事的讲述，不仅是对金钱与人生关系的深入探讨，更是一次次心灵的洗礼和成长之旅。

我期望每位读者都能与书中的主人公一起，勇敢地面对义与利的难题，以及接纳原生、拥抱新生的挑战，寻找自我疗愈的方法，迈向更加充实与美好的新生活。

过去的我不懂自己的天赋特长，曾在衣、食、住、行、教多个领域摸爬滚打，经历过从追名逐利到万念俱灰的心路历程。然而，在事业与家庭都遭遇挫折后，我通过亲子教育实现了人生的华丽转身。从一个充满诗意的创业者，蜕变成为一位充满家国情怀的教育工作者和心理作家。随后，我创办了咨询机构，带领团队深耕心理学赛道，致力于打造一个学术型的企业。在这一过程中，我的生命也从物质的丰盛走向了精神的富足。

所以，这不仅是一本关于心理、金钱和人际关系的书，更是一场关于成长、挑战与自我救赎的心灵之旅。通过书中的案例，我们会发现每个生命的"本来"都是如此美好、善良、有爱、丰盛和富足。我们需要以敏锐的观察力和深刻的思考，对照自己的生命蓝图，一同探寻人性的光明与黑暗，借由破解财富密码之机，与心灵对话，与自己和解，与金钱握手，与世界言和。

我淋过雨，所以我想为别人撑伞，让"她力量"为社会创造更大的价值。这正是我的信念与追求。愿我们都能在金钱的世界里找到真正的自我，体验到自由自在，认识到"我本富足"。

冯映云

2024年4月25日

目 录

第一章　义与利　001

  第一节　难补的墙角　003
  第二节　千金可敌的亲情　014
  第三节　负债的雪球　024
  第四节　付费上班的心脏病人　031

第二章　从原生到新生　043

  第一节　偷爱的女孩　045
  第二节　守财就是守爱　056
  第三节　鱼与熊掌可兼得　065
  第四节　败家的财务总监　075
  第五节　买得到的后悔药　086

第三章　拨开偏见的迷雾　095

  第一节　冰山美人的烦恼　097

第二节　抠门的高管	109
第三节　冰释"钱"嫌	120
第四节　引路的宝石	130

第四章　深藏于心的疗愈之力　　**141**

第一节　"摆烂"的男人	143
第二节　悬崖边的重生	155
第三节　先谋生，再谋爱	167
第四节　通往现实的梦境	178

第一章

义与利

第一节　难补的墙角

"冯老师，您看，我这新房子准备装修了。"杨雪打开了一个演示文档，向我展示她新家装修的设计图，她精致的美甲在手机屏幕上滑动，并不时地缩放着。相较于她的语气，指甲触碰屏幕的声响似乎更体现出她对新家的期待。

四个月前，杨雪家新买了套一楼带花园的小洋房，她邀请了几个朋友来看房。告别朋友们之后，杨雪立马就联系了工人来现场测量，她听从了一个朋友的建议，想要修补一个墙角。可墙角刚刚补好没多久便被举报了，接着被认定为违章。收到整改通知后，杨雪很无奈，只能把墙角恢复为原样。但她不甘心，又偷偷找工人把墙角补了起来，可是，这次她还是没能逃脱。

"冯老师，我为什么这么倒霉呢？白白花了十几万，却还是修不好一个墙角？"杨雪满脸的焦虑。

我和杨雪确认："这次咨询你最想解决的问题是什么呢？"

杨雪想了半天，才不确定地说道："我就是想不明白，我和我老公平时对人都挺好的，为什么别人会举报我们呢？他们为什么这么做呢？我们又没碍着别人，为什么就不能让我补呢？"

违规、被举报、受罚，这些顺理成章的事情发生在杨雪身上之后，她却有冤屈之感。哪怕是做一件不违规的寻常事，也是风险和收益并存的，相信没有人不懂这个道理。

杨雪是一家服装买手店的老板，她新家装修的设计图也体现出她不俗的品位。一个聪明人会抱着侥幸心理犯两次糊涂吗？如果不是发生了什么，不足以让她形成这种强烈的执念。

我在咨询中经常会遇到像杨雪这样的来访者，他们自己也不太清楚自己咨询的目的究竟是什么，但这个目的，往往会在咨询的过程中慢慢被找到。我是无法帮她解决墙角的问题的，我要做的是，挖掘补墙这个行为背后的原因。

因为人的大部分行为都是受潜意识控制的，在意识层面找不到的东西，往往在潜意识里都会显露出来。

补或不补，这是个问题

我引导杨雪放松下来，并引导她设想在新家小区里的情景。

杨雪走到了新买的房子外面，看到了举报她的人——一个戴鸭舌帽的女人正对着她补好的墙角拍照。杨雪走到她面前，质问她："你为什么要针对我？为什么不让我修？"女人并没有理会她，径自转身走开了。

杨雪继续在房子附近走，她看到了一个老爷爷，老爷爷在她家周围边转悠，边打量着。杨雪感觉这个老爷爷对她补墙角很不满意，她面对老爷爷，质问他："你在我家房子外面看什么呢？都是墙，有什么好看的？"老爷爷不理杨雪，就盯着她家的房子看。这时，杨雪的朋友们都过来给她助阵，围着这个老爷爷，但老爷爷依然昂首挺胸，仿佛在说："你们不敢把我怎么样，这是法治社会。"

我问杨雪:"其实你心里也很清楚,自己违建,被拆掉也正常,对吗?"

杨雪回答说:"可是,我花了那么多钱,很多人家都在建,为什么偏偏我被举报呢?"

杨雪从走进咨询室开始,就强调为这个墙角花了不少钱。我说:"人在一件事情上的沉没成本越高,就越不愿意放弃那件事情。所以你心里纠结,也是很正常的。"

杨雪的表情没有任何变化。我感觉到,花了很多钱只是她为自己的纠结找的一个借口。她内心一方面承认违建是不对的,另一方面,却有"不得不"补墙角的理由。

"我们来回想一下你决定补墙角的那个时刻,好吗?四个月,离今天也不算远。"

那天,杨雪和朋友们在市区用完午餐后,驱车前往位于郊区的新房。

转了一圈后,朋友们对房子的户型赞不绝口。一个朋友把杨雪拉到一边问:"哎,你和你老公最近怎么样?"这个问题让杨雪的心里一沉,那些让她在这几年间对婚姻产生危机感的时刻,霎时在她的脑海中闪回着,如果趁着这个乔迁新居的机会能有所改变的话……朋友看她略显迟疑,便说道:"你这个房子,缺的墙角代表的就是男主人的位置,如果不补,担心以后会影响到夫妻关系。"杨雪当时只是白了朋友一眼:"你什么时候变得这么迷信了?"

当时杨雪觉得朋友是在开一个"玄学"玩笑,她也从来不信这些,但朋友离开后,她还是决定补这个墙角。如果是因为一句玩笑话,她为何总是拿钱做借口呢?既然不相信朋友的话,为什么又为此大费周章呢?

你的想法不是你的

杨雪的问题，让我想起了一个类似的案例，有一个女孩，名牌大学毕业，毕业后回到家乡考了公务员，工作稳定，待遇也不错，她对自己当时的生活也很满意。可几年之后，她每天都觉得痛苦万分，总有一种自己不属于这里的感觉，却不明白自己究竟为何痛苦。理智上觉得自己没什么可不满的，可她却无法压抑自己的感受。

我问起她当年决定考公务员时的想法。女孩脱口而出道："女孩子就是要追求稳定与安全感的呀！"我问她："这些想法是你自己的吗？"女孩对这个问题感到很惊讶："怎么会不是我自己的呢？"

后来，我帮助这个女孩回溯到了她童年的几个情景，她才发现，考公务员、过稳定的生活并不是自己真正想要的，而是妈妈从小就总是向她传达"女孩子工作要稳定"的观念，并且希望女儿不要离开自己生活。这些信息留在了她的大脑里。当女孩毕业后考虑自己的未来时，那些早就停留在大脑里的信息已经替她做好了选择。

这个案例说明，很多时候，面对一个问题时，我们讲出来的理由并不是内心真正的理由，只是过去的经验和经历累积的深刻记忆成了自己习以为常的观念，慢慢形成了潜意识"种子"。当类似事件发生，潜意识就会告诉我们这样或者那样的理由，我们自己的真实需求就被这些外在赋予我们的经验深深地压在了内心的最深处。

花了钱却没有结果，很让人生气。这种类型的观念是非常常见的。买房子看风水，在某些地区是一种风俗。这些司空见惯、耳熟能详的理由，自然很容易被人拿来作为解释一件事情的原因。如同案例里的女孩用"女孩子就该追求稳定"来解释自己当年的决定一样,杨雪也是借用了这些观念来解释自己的行为。

而我们咨询师要做的,就是帮助来访者把那些外界的声音屏蔽掉,引导他们看到自己真正的需求。

补的是什么

我引导杨雪去回想当初买房的情景。杨雪说,当初选房子的时候,她认为这套房子位置有点偏,但丈夫非常喜欢这套房子的户型。

"你当时的感受是什么?"我问杨雪。

"我觉得有点不开心,但又想着不就是一套房子吗?何必因为房子闹得不愉快呢,就答应了。可是,朋友的话又让我……"杨雪重重地叹了口气。

"那你究竟是否相信你朋友说的呢?"我问杨雪。

"我本来是不信的,可是,她说影响夫妻关系,这么大的事情,宁可信其有,不可信其无。"

到现在,杨雪修补墙角的真正原因才慢慢显露出来。杨雪面对丈夫的需求,会压抑自己的需求,自己不喜欢的房子,因为丈夫喜欢就会买。杨雪本不信"玄学",但因为涉及夫妻关系,就让她高度敏感。

"你们夫妻俩怎么样,其实都跟那个缺角无关。"我解释道,"在买新房之前,你们的关系就已经出现裂痕了,不是吗?"

杨雪低下了头,似乎是在斟词酌句,终于,她开口了:"我觉得必须做点什么才能挽回。"

刚结婚的时候,丈夫对杨雪特别细致周到,每逢纪念日,丈夫都会费尽心思去准备礼物，然后给她一个惊喜。杨雪怀孕的时候，丈夫每天下班回家都会陪她散步；出差的时候，丈夫怕她一个人在家无聊，一有空就会打电话陪她聊天。

但慢慢地，丈夫便不再这么用心了，买的礼物也越来越敷衍了。去年，丈夫居然连结婚纪念日和杨雪的生日都能忘记，这让杨雪深深地感到恐慌。杨雪很怕失去丈夫，失去这个家。杨雪曾反思过自己，以前总是习惯让丈夫照顾自己，自己是不是为丈夫做得太少了。她觉得自己需要付出，他们才能回到过去的甜蜜的状态。

咨询进行到这里，杨雪已经意识到了，她想补的不是墙角，而是夫妻关系。丈夫从结婚初期的无微不至到如今对她的关怀越来越少，这总让她有一种想抓却抓不住的失控感。

杨雪的声音变得哽咽："冯老师，我接受不了，我很怀念之前他对我的宠爱。如果他对我一开始就像现在这样，那也罢了。人最怕的，就是得到了再失去。这种'冰火两重天'的感觉真的太折磨人了。冯老师，您能理解我的感受吗？"

我轻轻点点头，但同时我也感受到了杨雪对失去的恐惧。只有找到她如此害怕失去的心理成因，才能真正帮到她。

亲密关系中的问题，通常与双方在各自原生家庭中的成长经历有关。所以，我和杨雪约定，下一次咨询，我们会探讨她的童年。

未知导致恐惧

杨雪的思绪回到了刚上小学的某一天，她看到妈妈回来了，于是放下正在写作业的笔，向妈妈飞奔过去，翻妈妈的背包。每天妈妈下班回家，都会带给她惊喜。她从包里翻出一个棒棒糖，撒娇地坐在妈妈腿上。妈妈帮她撕掉棒棒糖的包装纸，然后递给她，宠溺地看着她享用棒棒糖的样子。

忽然，杨雪的身体颤抖了一下，她说："冯老师，我觉得好冷啊。"

"你出现的任何身体反应，都是正常的。"我安慰杨雪。她点点头。

回忆往后推移到了另一天，那天杨雪和爸爸吃完晚饭，但妈妈还没回家。爸爸说，妈妈外出公干，要过几天才能回来。天已经黑了，杨雪一个人蜷缩在床上的角落里。过了好半天，迷迷糊糊中，灯亮了，她被强烈的光线刺醒，是爸爸过来帮她盖被子。爸爸脸色很不好看，她内心隐隐觉得有大事发生了，可她不敢问爸爸，她怕听到不好的答案。

后来，妈妈终于回来了。她给杨雪买了很多好吃的、好玩的。可这次，杨雪再也没有了以往的兴奋。妈妈照样无微不至地照顾她，用充满怜爱的眼光看着她，可是她的心里却有一种隐隐的恐惧。

爸爸变得小心翼翼，妈妈一干活，他就赶紧抢过去。爸爸平时还总是叮嘱她，一定要照顾好妈妈，不能让妈妈心情不好。虽然爸爸妈妈什么都不告诉杨雪，但从他们过分小心的言行与亲戚邻居的闲言碎语中，杨雪猜测，妈妈好像得了一种很严重的病。

杨雪变得很敏感，哪天放学回家看不到妈妈的身影，她心里就会涌起一阵恐惧感，开始胡思乱想，直到看到妈妈的身影，才放下心来。

这样的日子日复一日地过，直到六年后的一天。那年，杨雪十二岁，她放学回到家，妈妈不在，她开始写作业，心里却在胡思乱想着妈妈去了哪里。门外有一点响声，她便飞奔过去打开门，然后，再失望地把门关上。后来，门终于开了，但进来的却是眼睛红肿的姑姑。姑姑抱住杨雪，哭着对她说："可怜的孩子，你妈妈走了，你爸爸还在医院，姑姑会好好照顾你的。"

回溯到这里，杨雪悲痛地哭着，身体不住地颤抖。我在一旁默默地陪着她，让她发泄内心的情绪。当情绪宣泄之后，我开始和杨雪一起挖掘她内心对"失去"的敏感与恐惧。

杨雪说，其实她对很多事情都很敏感，只是她一直觉得是性格的原因，她也没想到，当年爸爸妈妈对她出于保护目的的隐瞒，给她的心理造成了那么大的影响。

妈妈去世后的一天，爸爸晚上要加班，给杨雪留了字条，告诉她冰箱里有饭菜，让她自己用微波炉热了吃，并说晚上九点半的时候会给她打个电话。可是那天爸爸太忙，九点半的时候忘了给杨雪打电话，杨雪便一直提心吊胆地胡思乱想，直到快十一点，爸爸回到家，她还没有睡着。

虽然杨雪的父母自从她母亲生病起，便极力维持着表面的平静，但孩子的心灵永远比成年人想象得更为敏感。杨雪的父母以为不把病情告诉她，是对她的保护，但实际上，这种不确定的感觉加剧了她内心的恐惧。因为安全感的一个来源，就是掌控感。当我们对一件事情有了预期的时候，就会对它更有掌控感，而越是不知道发生了什么，那种失控感越是让人觉得难受。

在某个休息日的午后，杨雪独自在家，本想给皮肤做个保养，却发现护肤品落在了车里，于是便给丈夫留言，让他晚上回来记得拿上楼。从下午到晚上，杨雪一直机不离手，等待着丈夫的回复，她努力转移注意力，但思绪仍如野草般蔓延，她的心情愈发沉重。

傍晚，杨雪打电话过去，却发现丈夫的手机关机了。她的内心充满了焦虑与不安，脑海里已经开始上演各种戏剧性的场景：丈夫是不是遇到了什么危险？还是说他已经厌倦了这段婚姻，正在考虑离开她？直到晚上十一点，丈夫一身酒气地回到家，杨雪才知道他下午因接待客户忘记回复，也许是在晚餐开始前手机已经没电了。虽然丈夫出门前告知过她今晚有应酬，会晚归，但那种失控感还是让她止不住地过度忧虑。

补好心里的裂缝

在哪里跌倒，就要在哪里爬起来。我们需要帮助来访者追根溯源，重新回到潜意识形成的那个最初事件的情景中，从根源上进行处理。

再次坐在我斜对面的杨雪，经过前两次的咨询之后，已经变得很从容了。她安静地闭上眼睛："冯老师，我准备好了，咱们开始吧。"

我引导杨雪放松，让她回到当年妈妈生病时的情景。

妈妈从医院回来了，她把一个大袋子递给杨雪，说："宝贝，看，都是你喜欢吃的和玩的。"但妈妈的神态和过去不一样了，看杨雪的眼神里多了几分怜爱。爸爸赶忙走过来扶妈妈坐下："你先歇会儿，我去做饭。"由于以前都是妈妈做饭的，当时杨雪觉得很奇怪。

我引导杨雪道："把你内心的不安都告诉妈妈。"她点了点头。

杨雪对妈妈说："我很担心，因为我不知道发生了什么事情，但从你和爸爸的表情来看，我知道一定是发生了很严重的事。"

"听了你的问话，妈妈是什么表情？"我问杨雪。

杨雪说："她显出很为难的样子，欲言又止。"

"把你心里的话都告诉妈妈。"我鼓励杨雪。

杨雪的声音变得有些激动:"妈妈,你知道我每天的生活是怎么样的吗?每天,我都在猜测,妈妈到底怎么了。有一次,我听到邻居阿姨在聊你,说什么'年纪轻轻的,真是太可惜了'。她们看见我就马上不说话了,那种同情的眼神真让我感到害怕。"

杨雪深吸了几口气,继续吐露心声:"我知道你们不告诉我是为了我好,可是,那种每天提心吊胆的生活真的让我特别难受。作为家庭的一分子,我希望能知道家里发生了什么,知道爸爸妈妈的想法。"

妈妈伸手抱住杨雪:"宝贝,对不起,妈妈不知道我们的隐瞒居然给你造成了这么大的心理负担。妈妈生病了,也许妈妈不能一直陪着你长大,但是,妈妈会努力好好养病,争取让自己康复,你愿意陪着妈妈一起努力吗?"

杨雪用力地点点头。

爸爸也从厨房出来,三个人的手紧紧握在一起,给彼此温暖与信心。

眼泪从杨雪的眼睛里涌出,但是她的脸色变得轻松多了:"我感觉内心踏实了,虽然觉得有些沉重,但是一家人在一起,互相坦诚、互相温暖的感觉,太好了。"

咨询快要结束的时候,杨雪说:"补墙角根本就解决不了任何问题。我患得患失,是因为内心一直有一道裂缝,刚才对妈妈表达了之后,这道裂缝已经小很多了。以后,我会好好爱自己,自我疗愈,补不补墙角根本不重要。我会和老公商量一下,说出我对买那套房子的真实想法,然后我们一起决定房子的去留。"

我冲杨雪点点头，含笑目送她离开。

虽然杨雪的父母隐瞒了母亲生病的事情，但这件事会通过他们异常的言行表露出来，给幼年的杨雪造成了很大的心理负担。她总活在害怕失去妈妈的恐惧之中。而在成家立业后，当老公的行为出现变化，她幼时留在身体里的恐惧感再次被唤醒，从而变得异常敏感。但当她回到童年，把当年的心结消除掉，现在的问题也就迎刃而解了。

后 记

半年后，杨雪给我打来电话，说他们的新房已经装修好了，他们搬了进去。孩子也上幼儿园了，她报了一个瑜伽班，每天的生活过得很充实，都感觉有点忽略丈夫了，但丈夫对她好像比之前要更好了。

"冯老师，我咨询完之后，告诉我老公，一个墙角什么都决定不了，我不会再让它影响我的生活。我老公有点吃惊地看着我，说您果然厉害，把我从一个絮絮叨叨的主人婆，生生变成了霸道总裁。他看我的眼神都和以前不一样了。我总算明白了，改善婚姻关系，不是要我去付出什么，而是要把我自己变成什么样子。我自己好了，别人对我的态度自然会改变。"

对啊，人性都是向往美好的，向往美好的事物，也向往美好的人。一个内心富足、情绪稳定、生活积极向上的人，自然会赢得对方的喜欢。而一个总是敏感多疑，没有独立人格的人，就犹如心里缺了一个墙角。先补好心里的墙角，成长为一个独立而洒脱的人，外在的墙角自然不再重要了。

第二节 千金可敌的亲情

吕燕斜靠在咨询室的沙发上，眼神空洞，面无表情。沉默片刻，她开口道："我讨厌所有的人。"

"所有的人，都包括谁呢？"我问她。

"我老公家的所有人，还有我老公，还有我自己，是的，我也讨厌我自己。"

"这种情况持续多久了呢？你肯定不是一开始就这样的吧？"

吕燕摇摇头："从他们撕下面具，开始吵架的时候。他们曾经是多么相亲相爱的一家人。可是现在，我再也无法信任他们了。"

吕燕说着，几行泪水从她的眼中顺着脸颊流下来。

反目

吕燕同意嫁给李刚，一半是冲着大姑姐李娟。

李刚的母亲在他十几岁的时候就去世了。李娟对这个弟弟很照顾。吕燕和李刚谈恋爱的时候，每次她去李刚家，李娟都会特地从夫家回来招待她这个准弟媳，为弟弟助攻。看着李娟忙前忙后的样子，吕燕的心里总是泛起一阵阵暖意。

吕燕说，她曾经在一本书上看到，结婚前一定要看对方家庭成员之间的关系怎么样，原生家庭幸福的人普遍心理更健康，也更能处理好婚姻关系。看着李刚姐弟温馨的画面，吕燕感到，这样的家庭正是自己想要的。

可是，结婚才一年多，姐弟俩就因为争夺家产反目而成仇了。这让吕燕很难接受，几十年的姐弟情就抵不过这几十万吗？

"当时，我正怀着孕，他们却一点都不关心我，只顾吵自己的。还有他们家的亲戚，不去劝他们姐弟俩，却把矛头对准了我，说是我煽动我老公抢夺家产，才害得这个家乌烟瘴气。平时一个个笑容满面的，关键时刻就是这副嘴脸，他们怎么能这样呢？"吕燕现在说起来，那种委屈，依然一点没有减轻。

后来，李家老爷子在他们旷日持久的争吵中突发疾病离世，姐弟俩才和好。在葬礼那天，李娟告诉吕燕："我不是真的要和李刚争家产，我是在气爸爸忘了妈妈是怎么去世的。"李娟还给吕燕讲了一件他们小时候的事情。

在李娟十岁，李刚七岁那年，一天中午，他们刚放学回到家，看到母亲正气呼呼地坐在床上抹眼泪，看到李刚和李娟，母亲站起来，拉着他们便往外走。

他们娘仨到了外公家，一进门，一向温柔的母亲就开始严厉地指责外公，说他出尔反尔，明明之前说家产平分，却又改口全给了弟弟。小小的李娟和李刚目睹了以母亲、舅舅还有外公为首的血亲之间的争吵。他们因为家产而互相谩骂，说着很难听的话。那个场景，让他们姐弟后来每每想起都不寒而栗。最后，外公粗暴地把他们娘仨赶出了家门。回家后，母亲郑重其事地告诉李娟和李刚，以后她绝对不会像他们的外公一样重男轻女，儿子女儿都是亲生的，要一视同仁。

母亲几年后便去世了，李娟一直认为，妈妈的死与外公有关系，是外公的绝情导致母亲心中郁结，才会年纪轻轻就病逝。

好不容易才从母亲去世的阴影中走出来，他们一家这些年过得也算其乐融融。没想到，父亲居然做了和外公一样的事情，也提什么"儿子女儿不能对半分财产"。但当年父亲答应过母亲，要对儿子和女儿一视同仁的。本来，李娟也愿意多给自己的弟弟一些，但为了证明父亲的错误，为了报复父亲对母亲的背叛，她才故意争夺家产。

父亲去世后，姐弟俩分了家产，李娟还特意多给了李刚一部分。

但这件事情，依然让吕燕感觉很受伤。对自己的亲人，怎么说翻脸就能翻脸呢？冲着自己的亲人大吼大叫的时候，心里就不难受吗？

但这还没完，很快就又发生了一件事情，让吕燕从此开始厌世。

决裂

和李娟分了父母的财产后，李刚手里有了一笔钱。自从儿子出生开始，他们的小家便一直处于沉重的经济压力之下，这笔钱让他们有了喘息之机。夫妻俩做了一系列的规划，包括偿清贷款以及为明年上小学的儿子预留学区房的首付等。

但在物色学区房的过程中，即便是在身为中介的闺蜜帮忙的情况下，吕燕还是迟迟下不了手。闺蜜陆续向吕燕推荐了十套性价比不错的房子，大方地让她"货比三家"，还很有诚意地给她儿子送了价值两千元的学习机，甚至承诺提成到手后给她大红包。但她只觉得房子贵，一直犹豫着，还把学习机的钱打回了闺蜜账户上。

李刚见状，觉得不如趁买房前的空窗期用那笔钱做投资，于是他联系了身为投资顾问的好友刘明，并且还打算瞒着吕燕，以免她担心。

自从开始炒股，李刚频繁地晚归，在家时也常常将自己锁在书房里与刘明通电话。吕燕每次敲门叫他吃饭时，都能听到李刚压低声音交谈。女人的直觉告诉吕燕，李刚有重要的事情瞒着自己，但她始终没有勇气去问，因为她担心这可能会影响到他们的感情。

一天晚上，李刚在洗澡时，他的手机突然响起。吕燕接起了电话，对方是刘明的妻子，她告诉吕燕，李刚正在刘明的指引下炒股。吕燕心中一惊，但她并没有表现出来，只是淡淡地表示自己知道了。

晚上，吕燕把这件事告诉了李刚。李刚有些尴尬地承认了他瞒着吕燕投资的事情，并解释道，他们计划"打一枪就跑"，不告诉她是因为不想让她担心。吕燕虽然有些生气，但她也理解丈夫的初衷，当即表示自己不懂股票，不会再多过问。

然而，事情并没有像他们想象中那样顺利。三个月后，李刚的浮亏已经超过30%，他和刘明也因此爆发了争执。李刚质疑刘明选股的逻辑，而刘明则认为李刚在需要止损时没有按照自己的建议去操作，他们本可以在刚下跌时先卖出，再在更低的价位重新买进。刘明还直言李刚的心态接受不了市场的浮沉，是李刚自己的问题。

在行情最低迷的时候，刘明表示多坚持几天就还有赢回来的机会，到节后就可以撑到黎明，而李刚执意要割肉离场，刘明直白的措辞非但没有说服李刚，反而让争执越来越激烈，李刚一急之下执行了清仓的操作。到节后甫一开市，大盘便快速回暖，这给李刚的懊悔之情又加上了沉重的砝码，颠覆了他理智的天平，他打电话和刘明大吵了一架，两人就此决裂。

"在利益面前，感情都可以变得轻如鸿毛。这个世界上，还能相信什么呢？他和亲姐可以为争夺家产而反目，跟多年好兄弟也能因为十几万而决裂。"吕燕苦笑一声，"如果他对大姑姐和刘明不那么冲动，在这些得失发生后能快点抬头向前看，我都认他是条好汉。至亲骨肉和手足兄弟，都可以说吵就吵，说决裂就决裂，他早就不是那个温润谦恭的青年了，看到他红着脸跟人吵架的样子后，他在我的心里的形象彻底毁了。"

说完这些，吕燕痛苦地闭上眼睛。那一脸的憔悴，惹人心疼。

低配人生

目睹了李刚姐弟因钱相争，吕燕对亲情产生了怀疑。李刚与刘明因股票亏损而决裂，又让吕燕感受到友情的脆弱。出于职业敏感，我还是捕捉到了一些事情本身之外的信息。

那就是在这个过程中，吕燕对感情本身的描述远多于这两件事对自身利益的直接影响。与丈夫炒股的轻率、无法缓解的经济压力、错失的学区房和孩子的就读问题相比，让她最懊丧和无法接受的却是一段感情产生破裂的遗憾。是什么原因，让她对感情的信任度如此在意呢？

作为心理咨询师，多年的咨询经验让我意识到，吕燕的这种不信任感不是一时半会儿就能形成的，一定是在更早之前就有过类似的经历，让她陷入了一种固定思维的怪圈里了。

我引导吕燕道："你有'感情不可信任'的感觉，那我们去看看，在更早之前，有没有类似让你觉得不可信任的事情发生呢？我们去看看在你成长过程当中，有什么事情是让你觉得不可信任的。"

吕燕看到了小时候的自己。她告诉母亲，很多小朋友都有彩色泡泡水，自己也想要一个。母亲满口答应："好啊，下午妈妈就去给你买一个。"下午放学后，吕燕满心欢喜地回到家里，可是并没有看到自己心心念念的泡泡水，她问母亲为什么没有泡泡水，母亲说忘记买了。吕燕委屈地说："我就要泡泡水，那现在给我买。"母亲生气地说："这么晚了买什么泡泡水，赶紧做作业去！"

吕燕又回溯到一个在超市的情景，货架上摆着一个特别漂亮的布娃娃，大大的眼睛，黄色的卷发垂到肩头，还穿着粉红色的镶边连衣裙，可爱极了。吕燕再也挪不动脚步了，直直地盯着布娃娃。母亲见状，说道："你喜欢啊？喜欢妈妈过几天买给你，今天钱不够了。"吕燕一步三回头地跟着母亲离开了超市。后来，她好几次问母亲什么时候给她买那个布娃娃，母亲每次都是说下次，问得急了，便会骂她不懂事。

尘封的记忆被唤醒，吕燕泪流满面地说："这些事情我都已经忘了，我一直对妈妈无法信任，原来从很小的时候就埋下了种子。"

父母的行为方式会直接影响孩子人格的形成，即使孩子长大了，也会有一个"内在父母"时刻影响着他们的行为，这种影响隐藏得很深，当事人或许都没有发现它的存在。吕燕的母亲总是把话说得很好听，却总是做不到，这让吕燕对母亲失去了信任。可想而知，当孩子对最亲近的人都失去了信任感，那她还能相信谁呢？孩子的内心世界崩塌，就会形成不配得感、匮乏感、焦虑、紧张不安等负面情绪或感受。

从同学们都有而她独无的泡泡水，到母亲许诺过多次却从未兑现的可爱布娃娃，童年时期一次次失落的惯性使吕燕逐渐陷入不配得感的深坑而无法自拔。这也让她在面对闺蜜的好意和极具诱惑力的学区房时，不敢按下"确认键"。从上述这些事件中，我感受到，似乎有一股持续了数十年的惯性牵绊着吕燕，让她眼看着钱财和感情消散、破灭而没有积极出手挽救，更让她过了长达三十年的低配人生。

母亲的行为让吕燕觉得很难受、很委屈、很压抑。同时她也很嫌弃母亲，这种嫌弃延伸到了生活的方方面面，例如她会嫌弃孩子老是做不好事情，也会嫌弃自己做不好事。她还嫌弃自己的身体，嫌弃自己的鼻炎老是发作，嫌弃皮肤老是瘙痒、皲裂。

她说她很想好好爱自己，但就是看不上，还很嫌弃。这种程度的自我嫌弃不是一时半会儿就能改变的，于是，我让她记得要常常给自己"我要好好爱自己"的积极心理暗示，让她每天都在镜子里对着自己说，让这句话深深地印在脑海里。

我对她解释道："你只看到了护理你的皮肤需要花多少钱，却忽略了你每天都在努力地生活，也忽略了你丈夫继承了可观的财产，这只是一个基础又合理的需求。"

然后，我让她抚摸自己身上皲裂的皮肤，感受它的伤痛，然后想象着它变完美的样子：它变得不会起颗粒、不会痒、不会裂，皮肤也变得很光滑，让人看起来就很舒服。

我问她，想象完了之后有什么感受呢？她说她觉得很心虚，完全没有底气的感觉。我明白她的这种感受，这是她内心的不配得感和不信任感在影响着她。于是，我让她展开联想，看看自己心目中的美好生活是怎么样的。

画一幅蓝图

吕燕告诉我，她希望鼻炎不再成为困扰，口才流利自如，财富自由，能随心所欲地购买心仪之物，不再为金钱所困，她更渴望能带着家人四处游历，享受生活的美好。她梦想拥有一栋宽敞明亮的房子，门前是春意盎然的小花园，房子周围是参天古树，日出日落皆成美景，还有幽静的小巷以及极好的人文环境，整个区域宁静又优雅。她希望自己能有一技之长，既能帮助他人，也能赢得尊重与敬爱。同时，她内心深处最渴望的是家庭的和谐与幸福，希望家人都能过上安稳的生活。

她的表达体现出她内心的积极变化。我鼓励她："现在，请你闭上眼睛，跟随我的描述，将这些画面深深印刻在你的脑海里。"

这是你温馨的家，家人身体健康，家庭和睦，孩子欢声笑语，一片欢乐祥和。在花园里，你欣赏着日出日落，静静地阅读，感受着清风拂面，阳光温暖。你在花园里照料花草，孩子们在嬉戏玩耍，一切都显得那么自然、和谐。

那些久未联系的朋友和同学，现在都纷纷来到你的家中，欣赏你的花园，感受你的幸福。他们赞美你家庭和睦、孩子健康成长，他们都说你是他们的榜样，值得学习和尊重。你的大方和爱心赢得了他们的敬佩，你的生活状态是他们梦寐以求的。你穿着优雅高贵的衣服，佩戴着心爱的首饰，这一切都是你应得的，你配得上现在拥有的美好。

你拥有健康的身体，事业蒸蒸日上，财务自由，随心所欲。你的房子宽敞明亮，花园中阳光洒落，你享受着阅读的乐趣，丈夫在厨房为你准备美味的饭菜，孩子们在旁边嬉戏。亲朋好友纷纷来访，为你的幸福喝彩，赞美你的爱心和担当。他们感叹你的勇敢和坚持，将梦想化为现实，将美好的愿望深植于潜意识中。

这幅生命的蓝图将逐渐呈现在你的生活中。你会感受到身体健康，呼吸顺畅，皮肤光滑。丈夫对你关爱有加，家族亲戚都对你充满感激。你的事业也将取得长足的进步，朋友和客户都对你赞不绝口。所有与你结缘的人都会为你点赞，称赞你的了不起。现在，我们已经完成了心灵蓝图的绘制，邀请亲朋好友、老师同学为你见证。

他们在你的蓝图旁签名留言，为你送上祝福："吕燕，祝福你，你值得拥有。""吕燕,你是好样的!"每个人的祝福都充满真挚:"祝你身体健康、家庭和睦、事业有成,孩子学业进步,夫妻恩爱。"你与家人共同享受着幸福与快乐。

绘制这幅美好的蓝图,其实是在理顺家庭、金钱与自我的关系。我们建立了一个全新的理念:首先要肯定自我价值,相信自己的美好与成长;其次,家庭和睦是幸福的基石,金钱自然会流向和睦的家庭;最后,不断提升自己,实现经济独立,将家庭凝聚在一起。

退出潜意识后,吕燕表示:"我感觉那种委屈的情绪有所缓解,但我还没有完全解脱出来,不知道该如何正确面对自己的不完美。"我安慰她,解决长年累月的问题不可能一蹴而就,但这次咨询已经在她心中种下了正向的种子。当我们关注内心的充盈,发挥自己的优势,孕育丰富的情感和体验,找到内在的富足时,我们便能逐渐感受到真正的满足和幸福。

我让吕燕每天睡觉前都把心灵蓝图在脑海里画一遍,让那个美好的画面不断地重复,然后慢慢渗透到她的现实生活中来,过一段时间之后,相信她会产生惊人的变化。

后 记

仅仅一个月后,我就接到了吕燕报喜的电话。虽然她的经济状况无法立竿见影地改善,但她已开始在各个方面积极迈进。

在通过情志养生来调整内分泌以及坚持保养之下,吕燕的皮肤状态也在慢慢变好。她不再把自己关在房间里生闷气,也没有了厌世的感觉。

关于婚姻、孩子的学业与家庭资产，吕燕与李刚详谈了一天的时间，李刚为炒股的事向她道歉，她建议李刚主动向刘明求和。李刚当晚就把刘明约出来吃夜宵，并表示，自己不该在刘明不清楚这笔钱是老本的情况下，挪用其中的大部分来进行激进的操作。说清了事情的原委后，在吕燕的见证下，两个男人就这样修复了关系。

吕燕提出想请刘明做他们的家庭资产顾问，教他们夫妻学学理财。刘明打趣道："我跟李刚这么多年兄弟，帮你们自然是不用走流程的。你们应该是我入行以来，见过的身家最少的'客户'了，哈哈，不过你们能有未雨绸缪的想法，境界确实不一般，相信用不了多久你们就能过上好日子。"

虽然总价涨了几万元，但吕燕还是果断地买下了学区房。闺蜜为吕燕多花了钱而感到可惜，但更多的是为她状态的改变而感到欣喜："我真的要对你刮目相看了，燕子，现在的你是这么多年来我见过的最好的你！"

我们回顾了这几次咨询的全过程，从最初的财产问题到直面自己的不完美，再到释放情绪、绘制心灵蓝图。吕燕认识到，家庭的财富与和谐程度息息相关，正如曾国藩所言："治家之道，以爱生和，以和生财，则万福自生。"而她也在通过自己的振作让这个小家越来越好。我相信，当她有了"千金散尽还复来"的底气后，她将释然一笑：千金本就无法与情感匹敌。

第三节　负债的雪球

看到文安的第一眼，她给我的感觉是时尚、优雅，但再看时便能感觉到她全身上下都透露着疲惫无力。她语速很快，透着一丝丝烦躁，很容易便能觉察出她内心的焦虑。

我们约了早上九点来，但九点之前她便已经到了。我请她坐下来后，她前倾着身体对我说："冯老师，我最近很焦虑，感觉生活没有希望。"说到这里她停顿了，低下头，右手绞着包包的背带，似乎在纠结着怎么往下说。我温和地问她："你遇到什么问题了呢？"

过了好一会儿，文安松开了手，抬起头，看着我的眼睛，像是鼓足了勇气说："我的信用卡欠了很多很多钱，都刷爆了，拆东墙补西墙的生活太让人绝望了！我该怎么办？另外，很多人都欠我老公的钱，他只要收一笔回来就可以帮我还信用卡，可他偏偏不肯，我实在不知道他是怎么想的。"说完后她长长地呼了一口气，眼中晶莹一片。

我问文安："那你信用卡欠的钱都用在了哪里呢？"我需要了解她借钱的用途，这样有利于后面的咨询。

"就……就平时购物呀，买这买那，还报了各种学习班，学习的费用总不会白费的吧？"文安纠结着说。钱花在学习上不会白花，这是文安为自己超前消费找的理由，但信用卡被刷爆了，还不上，分期还款又会产生很多的利息，这让她感到很崩溃。

同情与内疚

当年,文安的爸爸常年缠绵病榻,虽然病病恹恹,但他一刻不闲着,一放出去贷款,就每天都在计算着这个人该收多少利息,那个人又该收多少利息,并且催促着妈妈去收钱,爸爸把日子活得只看得见钱了,满心满眼全是钱。妈妈被爸爸催得很烦,不乐意去催收,同时也很嫌弃爸爸这副财迷的模样。文安还想起了隔壁那个向爸爸借钱的李阿姨,因为还不上钱,没日没夜地劳顿,头发都变白了,文安说:"阿姨年纪不大,头发却变白了,我看了很难受。"

李阿姨经常讨好文安。文安猜测,李阿姨一定是想请自己帮忙,让爸爸少收一点利息。

文安很同情李阿姨,也想让爸爸帮帮他们家,因为李阿姨的儿子得了重病,为了治病才借了爸爸的钱。生活本就艰难,还得承担这些利息,是真的很让人绝望。

可是爸爸连一百块钱都不愿意少收,还说如果他不收钱,会被奶奶骂,奶奶骂起人来很凶很凶:"你这个傻子,不收钱你怎么活下去?你看你整天生病,不要钱你怎么活下去,你去要钱啊!"爸爸听完后就笑笑,然后继续去跟别人要钱。

文安认为,虽然家里放贷的利率处于合法范围内,但高利息也让借钱的人过得无比艰难,这是不好的事情,所以爸爸才会经常生病。同时文安也很同情李阿姨,她看到那些还不上的钱,产生的利息就像滚雪球一样,越滚越大,压得李阿姨腰都直不起来。文安觉得那个雪球也像压在了自己的身上一样,自责、内疚的情绪不断地积攒,也是越滚越大,压在了文安的心中。

在这种害怕、同情、内疚、自责的情绪中,文安学会了花钱,大手大脚地花,并且越花越多。花完了就找同学借,长大后就刷信用卡。文安自己也不知道,她是在用让自己负债累累的行为,来减轻内心对帮不上李阿姨的愧疚感——我和你一样了,我就不用同情你了,也不用感到良心不安了。

"小偷"家族

"除了爸爸、奶奶放贷的事,还有其他的事情吗?我们接着往更深处挖掘,看看还有什么事情影响着我们的财富观念。"我话音刚落,文安突然激动起来,大声说道:"偷、偷、偷,他们都在偷,像老鼠一样!"

"我外公在过去曾搜刮金银珠宝,还有很多粮食,哪怕私藏的粮食积压到腐烂,他也不愿分给饿肚子的人一粒米。还有奶奶、爸爸、妈妈、舅舅、小姨,都在偷别人的东西和钱,钻法律的空子,嘴上还说自己是老实人。为了钱,他们变得不择手段,最终害人害己。外公最后被制裁,身败名裂,还连累到了舅舅,直到去世后,都没有人敢给他收尸。爸爸常年卧病在床。到我们这一辈,我成了卡奴,弟弟也三十好几了,却始终找不到对象,我都不知道这是不是天谴!"在文安眼里,整个家族的人都是"小偷",不同程度地"偷"着别人的东西。

"金钱害得我们家破人亡啊。"文安放声大哭。

童年的经历在文安的潜意识里种下了"金钱就是罪恶"的观念。所以,她不停地花钱,就是想要摆脱罪恶感。文安需要找到她家人疯狂敛财的原因。于是我让她放松下来,再看看有什么不一样的画面浮现。

文安看到外公在被人欺负，一个地主模样的人拿着鞭子在打他。过了一会儿，施暴者离开了，遍体鳞伤的外公蜷缩在地上，嘴里喃喃地说："等我有钱了，就不会让孩子们受这种罪了。"

文安很心疼外公，她觉得外公好可怜。这时，有位乡亲出现了，他请求外公借他们家一点粮食过冬，但外公凶巴巴地说："家有余粮，心中不慌，我不会给你的。"文安看到乡亲的脸上，除了委屈，还带着恨意。

"你这时有什么感受吗？"我问文安。

"他们都很可怜，他们都得不到爱。"文安的眼里闪着泪光。

咨询进行到这里，答案已经浮出水面。

她的家人，缺的其实并不是钱，而是爱。

释怀

"我们去把爱找回来，好吗？"我轻声对文安说，文安点了点头。

文安看着外公和妈妈，还有奶奶和爸爸僵硬的脸庞，说："我看到你们的不容易了，其实你们心里都是有爱的，外公是为了全家不再因为贫穷而受屈辱，所以想用钱来换回全家的尊严。奶奶是担心爸爸身体不好，所以想让爸爸有足够的钱来保证一生衣食无忧。妈妈也是因为对爸爸的爱，才会'偷'钱买药给爸爸。"

家人的脸色渐渐变得缓和下来。

接着，文安看到了李阿姨，她想去和李阿姨解释一下，爸爸也是因为缺爱才把钱看得那么重，她想请李阿姨原谅爸爸，也原谅自己当年的爱莫能助。

结果，李阿姨拉住文安的手说："我很感谢你爸爸当年借钱给我，他明明知道我还不上利息，还毫不犹豫地把钱借给我，这才让我儿子能及时治疗，是你爸爸救了我儿子啊。你爸爸身体也不好，不能劳动，他不收利息怎么活呢，他其实是个好人啊。"

李阿姨的话让文安释然了，她说："爸爸和奶奶放贷，产生的利息就像雪球一样，特别大的雪球，又大又重。我觉得很内疚，就一直扛着、抱着，然后就总是想要把钱还给他们，总是觉得爸爸对不起别人，其实没有。"文安明白了，不管是什么事情都是有两面性的，爸爸借出去的钱并不只是给别人造成了困扰，同时也是给了别人实实在在的帮助。而且爸爸也是要生活的，收取利息并没有错。

在得知李阿姨是感激爸爸的时候，文安就明显感觉到怀里的大雪球变轻了，但她并没有把手里的雪球扔出去。

她说："我担心爸爸会遭报应，万一哪天雪球越滚越大，落到他身上怎么办？我想要保护他，不想他受到伤害。"

我让文安看看爸爸的表情。

爸爸笑了笑，他的表情很平静，文安试着把雪球还给他，他接住之后，文安发现他并不难受，痛苦都是自己想象出来的。文安松了一口气，爸爸和李阿姨的事，就让他们自己处理吧。

接着，我让文安想象丈夫就在身边，并且跟着我一起对他说一段感谢的话。

"感谢你一直以来对家庭的付出，我理解你的累、苦和压力，有时候你很懦弱、不行动、要面子、假装强大，我都理解你。我愿意包容你，接纳你的一切，不管是好的还是不好的，接纳你现在不愿意追款。都是我的问题，都是我投射给你的观点，我总是逼着你追款，你很累，压力很大。追不回欠款，你心里也很着急，我看到了，以后我会接纳你、爱你，包容你所有的缺点和优点，为你点赞，你会越来越强大的。"

我问文安："说完这段话后是什么感受？"文安说："我看到老公很开心，好像我真的去接受他的时候，他也越来越支持我。"她觉得自己的内心也丰盈了不少："感觉自己有了力量，只要自己认真踏实地做好身边的每一件事情就可以了，我家信用卡应该很快就会还清的。别人欠老公的也会还回来，老公欠别人的也会还回去，家里就不会缺钱了。"

然后，我让文安想象与家族里的长辈面对面，跟他们直接地表达。

"我感谢你们对我的养育之恩，我也清楚有很多事情是我无法控制和阻止的，对于你们曾经的所作所为，我不会再介怀，也愿意把我的爱和金钱给你们，希望能让你们脱离过往的匮乏和争斗，让你们的内心富足、丰盈，现在也请你们祝福我，让我能更好地面对我的新生活。"

后　记

　　文安通过潜意识的探索，找到了自己财务危机的根源，知道自己刷爆信用卡的背后是对财富的恐惧与对家人的担忧。

　　其实，使用信用卡也不全然是坏事，如果能正确使用，它是能成为我们的左膀右臂的，特别是当现金流不足的时候可以用来周转。

　　当文安打开了自己的心结，跟自己的内心达成和解之后，她如释重负。几个月后，文安给我打来电话说："冯老师，我特别感谢您，自从上次谈话后，我看到了我整个家族的不容易，也感受到了他们其实都是互相关心的，我觉得心里踏实了很多，也改变了对待老公的态度，我体谅老公的辛苦和付出，也接纳他偶尔懦弱、要面子的缺点，他感受到了我的爱，现在也过得很轻松和开心。当我不再逼他后，他就主动去要欠款了。我也和老公一起厘清了我信用卡现在的负债情况，制定了还款计划。我相信我的欠款会很快还清，别人欠我们的钱也都能收回来。我发现当我把爱给出去后，也会收到爱，我现在感觉自己内心很富足、丰盈！"

　　从文安轻快的语调中，我感觉出来她是真的与过去和解了，她放下的那颗雪球没有越滚越大，而是在艳阳的照耀下渐渐地融化。

第四节　付费上班的心脏病人

早上，我刚到公司，离预约的咨询时间还有十几分钟，江欣已经等在门口了。

刚坐定，江欣苦笑了一下，用略带自嘲的口气说道："冯老师，您相信吗？有人会倒贴钱去上班，而且，他还是个心脏病人。"

我不禁皱起了眉头，同时一连串的问号出现在脑中。付费上班、心脏病人，这两个词联系在一起确实闻所未闻。

单位的糟心事

江欣的丈夫子明是某集团分公司的总经理，这些年来，公司效益一直不好，子明是一个责任心强又仗义的人，他拼命加班想扭转公司局面。另外，他还心疼手下的员工，每次公司发不出工资的时候，他都是自掏腰包垫付，再加上报销、差旅费等开支，六七年积攒下来，为公司花的钱差不多有200万元了。

对子明的倒贴行为，江欣虽然心有不满，但一直没多说什么，毕竟以夫妻俩的薪资水平，哪怕是在倒贴的情况下，也没有影响他们的生活质量。直到去年，子明开始感到心悸、胸闷，偶尔还会出现呼吸困难的情况。到医院一检查，结果显示，子明有一片心脏瓣膜出现了严重的病变，鉴于病情，医生建议尽快替换掉病变的瓣膜，夫妻俩了解过后，当即表示接受手术。

在手术过程中，站在手术室外的江欣心急如焚，脑中不停地出现子明倒下再也起不来的画面。同时，她又不停地自责，不该让子明一直这样操劳，应该早点让他离职，倒贴钱就罢了，还赔上了健康。

子明出院后，江欣劝子明辞职。可子明说，自己为公司付出了很多心血，在他的心中，公司就和家一样，他不能在自己的家遇到困难的时候就弃之不顾。而且他已经四十多岁了，哪怕他是个高管，在这个年龄跳槽，也不清楚能否维持目前的职级和薪资水平。

病假一结束，这个心脏病人又开始了"付费上班"。江欣担心子明的身体，又不敢硬劝，怕他一生气更对身体造成伤害。在这种纠结中，江欣的睡眠变得很差，白头发也逐渐开始冒出来。

然而，当时的江欣并不知道，更大的考验还在后面等着她和子明。

前不久，出于削减开支的需要，集团决定注销子明所在的分公司。高层商议后通知子明，对于他自发的帮补举措，集团只能返还给他50万元。这让子明无法接受。之前，他一直对集团信任有加，他相信自己所有的付出，高层都会看在眼里，他不要求他们感谢自己，但至少也要把款项如数返还，总不能这样亏待自己吧。

看着子明为此事伤心愤怒，江欣的心再次被紧紧地揪住。子明的脸色稍微难看一点，她就担心他会不会心脏病复发，会不会一下子倒下。

子明说要打官司，写了很长的声讨文件，内容却大多是在发泄愤怒的情绪。江欣希望子明早早了结此事，钱要不回来就要不回来吧，人在，一切就都在。

可子明不肯听她的，此事一直拖延不定。事情定不下来，江欣的心就安不下来。她不断地催促子明尽快解决此事，可她越催，子明越是下不了决心。

好几个晚上，江欣都梦到子明去跟老总理论，然后心脏病发作，倒在了地上，她哭着叫他，他却闭上眼睛怎么也听不到。然后，江欣被惊醒，一身冷汗。

"冯老师，您说，还有什么比健康更重要的呢？他为什么就没有早点离开那家糟心的公司呢？他在那家公司每耗一天，就是在付费上班一天。

"您知道吗？冯老师，每天看着他那个样子，我心里真的是太难受了，我好担心他的身体，我都是为了他好，可他怎么就不能听我的，非要把身体彻底折腾垮了才甘心吗？"说到这里，江欣已是泣不成声。

好心办坏事

由于对子明健康的过度担忧，江欣的内心积压了太多负面的东西。只有先让她释放掉这些情绪，才能用更加理智的态度看待这一问题。

我先引导她以子明为对象进行倾诉，把在面对面的时候不好开口的话，都在这里说出来。

"老公，我每天都特别担心你的健康。我怕你劳累伤了身体，也怕你心情不好伤了身体，又怕我唠叨惹你烦伤了身体。如果你倒下了，我和孩子可怎么活呢？我心里太难受了，可我又不敢在你面前表达我的难受，只能不停地好言相劝。我不理解你为什么一直拖着这件事情不愿意尽快处理，我不知道你在逃避什么，每次问你，你都表现得很不耐烦。我想不通，我真的快崩溃了。

"你知道吗？你住院那次，当医生和我说，幸亏来得及时，我听了脊背直冒冷汗，特别后怕，我太害怕失去你了。

"想想那个人工瓣膜装进你的心脏，不知道你会不会特别难受，我怕它不经用。

"我想帮你却不知道怎么帮，这种感觉真的太难受了。

"你为什么就不肯听我的呢？"

江欣说着说着哭了起来，身体也在不住地颤抖。我静静地陪伴着她，她需要这样的一场发泄。

过了许久，江欣的情绪才慢慢稳定下来。

我和江欣开始分析子明为什么不肯接受她的建议。

心理学上有种现象叫超限效应，如果一个人接受的刺激过度、过强或者时间过久，就会引起内心的不耐烦或者逆反的心理。之所以会存在超限效应，原因有二，第一是不信任，第二是过度控制。超限效应背后隐藏的真相是对对方的不信任，要知道，这种深藏的不信任感会伤害到对方的自尊心。另外就是控制欲太强，想让对方遵从自己的意见去做事，但谁都不想被操纵，拖延逃避不过是其中的一种反抗手段而已。

江欣的催促在丈夫眼里就是一种不信任，是一种操纵，所以江欣越催，他反而就越没有力量去行动。

这样说可能不太清晰，举个例子就很好理解，例如父母催促孩子快点做事，反而是越催越慢。孩子本来想主动写作业的，被父母一催就故意拖延不写。催促会将主观意愿上的担当变为被动意义上的背负，这样就会出现一催就慢的情况。这是人的正常心理，我们都是有主见、有主动性的人，谁都不想在别人的控制下生活。

听了我的解释，江欣沉默了。过了好一会，她点头道："冯老师，可能真的是我催得太急了，起到了副作用。其实，您这么一说，我也想到了，孩子小的时候，我总是催他快点写作业，快点洗漱，确实是这样，越催越慢。但我也是一片好心，不过，好心很多时候确实不会带来好结果，还会带来坏事。"

"以后，我不那么频繁地催他了。"江欣低头自语道。

有了这个好心办坏事的思想认识，江欣可能会在催促子明这件事情上有所改善。但是，这只能解决表面的问题。

江欣内心深处对子明健康的过度担忧，才是问题的根本。那么，这个问题的成因又是什么？

渐行渐远的亲人

当江欣再次坐在咨询室的时候，我让她回想一下，在以往的经历中有没有类似的体验。

"有。"江欣没有任何犹豫，脱口而出。

"这件事已经过去快二十年了，但重新面对，它还是我心里拔不掉的一根刺。"江欣的声音里充满了悲伤。

江欣当年休完产假后，妈妈和子明都希望她能在家多待一段时间。一是让身体彻底恢复，二是方便照顾宝宝。

可江欣担心，如果休息时间太长，自己的职位会被人取代，于是休完产假便回公司上班了。

为了支持江欣，还没到退休年龄的妈妈办了内退，承担起了照顾宝宝的责任。

有了孩子的江欣，却过上了结婚前的舒适生活。每天下班后，家里被收拾得一尘不染，餐桌上已经摆好了可口的饭菜。吃完饭，便有热好的洗澡水。

即便是星期天，妈妈也总是带着宝宝出去玩，好让劳累了一周的江欣补个懒觉。

每当听到单位的同事抱怨带孩子有多么辛苦，江欣都觉得自己很幸福，有了妈妈的帮忙，自己省却了多少烦恼。

然而，这样的幸福仅仅维持了不到两年。一天上午，正在开会的江欣接到邻居电话，说妈妈带着孩子在小区晒太阳的时候忽然倒下，邻居已经拨打了120，让她赶紧去医院。

江欣只觉得脑袋里轰的一声。她顾不上请假，在同事们惊讶的目光中匆匆跑到楼下，打了车便赶往医院。

可是，还是太晚了。当她赶到医院的时候，医生告诉她，妈妈是突发脑出血，出血量大而且影响到了脑干等关键部位，已经去世了。

江欣只觉得脑袋里一片空白，她从来不知道妈妈竟然有病。在她的印象中，妈妈一直挺健康的。就在当天早上，她还吃了妈妈亲手做的早餐。

妈妈居然会脑出血。江欣怎么也无法接受这个事实。

随后，江欣陷入了深深的自责之中：为什么自己没有关注妈妈的身体？在这之前，妈妈一定有过不舒服，可是自己却一点都没有留意，还让她每天做家务、照顾孩子。如果自己能多关注妈妈的健康，妈妈也不会这样早早离开自己。

"为这件事，我以前也看过几次心理医生。我也告诉过自己，人总得向前看。曾经，我也认为自己已经放下这件事了，但上次从您这里回去后，我忽然就又梦到了妈妈，我觉察到，可能我还是没有真的放下。然后，我又联想到了一件事情。"

"什么事情呢？"我温和地问。

"去年，我家孩子刚上高中，情绪总是很低落。我就各种胡思乱想，总担心他得了抑郁症，甚至脑子里闪现出孩子跳楼的画面。我从网上找了很多抑郁症的症状，孩子出现一点类似的表现，我就紧张得不行。好在那次有惊无险，一段时间后，孩子又开心起来了，可能是适应高中生活了吧。"

"可是，孩子的事情才过去不久，子明又出问题。一个接一个，就有一种亲人在跟我渐行渐远的感觉，我想把他们牢牢抓在身边，可又总是力不从心，这种心情我也不知道该怎么形容。冯老师，您能理解吗？"

我轻轻地点点头。

母亲的意外去世给江欣留下了很深的阴影，所以她很害怕死亡和离别，在孩子和老公的事情上，她就表现得太过紧张。她害怕会出现不好的结果，所以会担心到方寸大乱。

只有追根溯源，回到最初的事件上，解决掉当时遗留的问题，才能真正坦然面对现在。

母亲的祝福

我引导江欣放松身体后，让她回溯到过去的情景跟妈妈进行一场"对话"。

江欣下班回到家，看到妈妈正在厨房里忙着给自己做饭。

"妈妈，您坐下，别忙了。"江欣把妈妈拉到沙发上坐下，不让她干活了。

江欣停顿了片刻后开口道："妈妈，我真是太不孝顺了，您操劳了一辈子，到这个年纪还要为孩子和我们忙里忙外的，我很后悔没为您多分担点，才害得您得了这么严重的病。我特别想让您骂我一顿、打我一顿。"

说到这里，江欣已是泪流满面。

"看着妈妈，听听妈妈会和你说什么？"我继续引导她。

"乖女儿，你不要哭，这个事不怪你。希望你能好好爱自己，爱这个家，你们过得好，就是对我最大的回报。不然，我也是不能安心的。"

我引导江欣和妈妈作一个告别。

"亲爱的妈妈，我爱你，不管你在哪里，我都能感受到您对我的爱。现在我们不在一起了，我也可以过得很好，请您放心。"

等江欣重复完这段话后，我让她继续听我说，但不用重复，只要细心地听，然后把这些话印在脑海里。

女儿你真棒，我看到你的付出，看到你的爱，也接纳你的爱和付出，妈妈祝福你。妈妈看到了你的不容易，看到你过去对家庭的付出，对老公的支持，对孩子的疼爱，对家庭的照顾。你是我们最好的女儿，你很棒，请你不用害怕，妈妈知道你能过得很好，妈妈对你们很放心，也请你安安心心地过好自己的生活。活好当下，照顾好家人，照顾好自己。妈妈相信你可以做到的，宝贝，妈妈看到你的付出了，我们整个家族都看到你的付出,你非常努力、热情,很有爱心,把家人都照顾得很好。妈妈跟你的缘分已经结束了,所以你必须离开。不管我离开的时候是什么样子,都请你不要介意,也请你不要再害怕,不用再担心,不用再想念妈妈。无论妈妈在哪里,妈妈的爱,都一直在你身边。

"现在能看到什么画面吗?"我问江欣。

"妈妈站了起来,微笑着离开家。妈妈好像要去很遥远、很高的地方。"

"告诉妈妈,你会过得很好,请她放心。"

"妈妈,我现在已经越来越好了,您放心吧。我现在已经开始学习成长,我觉得我的家庭也在慢慢地变好,我就是想您了而已。我觉得您一直都是在关注着我的,一直都在给我支持,您就是我活下来的最大动力,我渐渐变得有力量了。"

说完这段话后,我引导江欣退出情景,回到当下。

江欣睁开眼睛:"冯老师,我觉得整个人都轻松了。这种感觉真好。"她长长地呼了一口气,跟妈妈作完告别,接受了妈妈的祝福,她相信以后生活会越过越好的。

后 记

咨询结束后大约一个月,江欣又一次来到我的咨询室。她说,她是特意来告诉我结果的。

自从上次回去后,她再也没有催过子明公司的事情,而是完全相信他会自己处理好。她说:"子明好歹也是高管,他在职场那么多年,见识过很多人,处理过很多棘手的问题,怎么会没有点处理问题的能力呢?当我想明白了这一点,我就释然了。"

"其实"江欣停顿了一下又说道,"我知道,更深层的原因是我对他健康的过度担心,但是,我心急如焚的时候,总把家里的气氛搞得很紧张,反而不利于每个人的健康。前几天我看了一本书,上面说,情绪对健康的影响要比我们想象的大得多。我放松后,其他人也就放松了。前天我儿子还跟我说,觉得我和以前不一样了。我问他哪里不一样了,他说我更好了,也更爱我了。"

说到这里,江欣笑了起来。

"差点忘了说正事。"江欣拍了一下脑门,"子明昨天告诉我,集团老总亲自接待了他,他因为心脏有问题,只能以茶代酒,但老总还是不停地敬他,对他说了很多掏心窝的话,老总还安排好了他在总部的工作,并表示绝对不会让他倒贴那么多钱的。说起子明这些年的兢兢业业,老总还流泪了呢,说以后会把他当一辈子的兄弟。"

"其实,子明有今天的成就,离不开老总对他的赏识与栽培,所以子明也说了,他也不会太为难老总的。人与人总要互相理解的,您说对吧,冯老师?"

我想起来第一次见到江欣时,她说她的丈夫是一个"付费上班"的心脏病人。我问江欣,现在怎么看待这件事。

江欣又笑了:"冯老师您好幽默。我老公的事情,他自有主张,我就不操心了。我有了自己的规划,我计划开始学习中医和心理学,保护好自己和家人的身体健康和心理健康。只要全家人健康地生活在一起，就是我最大的幸福。我不管什么付费上班还是不付费上班，我只关心我们家的心脏病人。"

我和江欣一起笑了起来。

我知道，她的心结，这次是真的解开了。

第二章

从原生到新生

第一节　偷爱的女孩

娟子是今天的第二位来访者，她进来后就安静地坐在沙发上，眉宇间掩饰不住的纠结告诉我，她在思考如何开口。

我注意到她精致的妆容和高级的外套，便笑着说："你是不是请了形象顾问呀？你的打扮真美，我好喜欢哦！"

听到我的话，娟子紧皱的眉头舒展了一些，她叹了一口气："冯老师，这是我新买的外套，我本来想买一件几百块的，可是时装店的小姐姐说我更适合这件两千多的，觉得我的五官、身材都很大气。我犹豫不决，最终选择了这件两千八百多元的，但买了之后，我又后悔，为什么要花这么多钱买一件不常穿的衣服呢？"

"我在任何事情上都是这样，手里有点钱，就想花出去，花完又后悔。我的工作和薪资虽比上不足，但也是比下有余的，不过到了今天依然没什么存款。我也不知道自己为什么会这样。"

多余的人

在和娟子明确注意事项后，我就去探索她问题的根源所在。我先引导她放松身体，然后让她想象自己是一条海豚。

娟子在一个狭小的海湾里，她尝试继续向前游。

娟子的脸上显出痛苦的表情："冯老师，我游不动。周围全是石头，它们挡住了我的去路。我哪里也去不了。"

娟子的动作停了下来，但石头像是在主动向娟子靠近一般，它们甚至改变了排列的形状，就像一双手一样，紧紧卡住了她的脖子。

"我都快不能呼吸了，冯老师，您快帮我。"娟子的手放在脖子处，声音也变得急促。

"你想让石头怎么做，告诉它。"我提醒娟子。

"快放开我。"娟子喊道。

那双"手"放开了娟子，海湾又变回原来风平浪静的模样。

从情景中脱离后，娟子疲软地靠在沙发背上。

被石头卡住无法动弹，象征着娟子被经济压力紧紧地卡住，让她无法畅快遨游。那么，那双卡住她脖子的手，代表什么呢？

"看一看，那是谁的手，刚刚卡住你的是谁？"我引导娟子。

过了好一会儿，娟子吐出了三个字："我爸爸。"随着这三个字说出口，娟子的眼睛里蒙上了一层泪光。

"小时候，家里条件不好，孩子多，姑姑家的表妹也寄养在我们家。爸爸妈妈要赚钱，根本就没时间管我们。姐姐是老大，只要放学回到家就帮着妈妈做家务、洗衣服、烧饭、喂鸡喂鸭，什么都做，妈妈最喜欢姐姐。爸爸喜欢哥哥，他总说哥哥是我们家几代单传的独苗，是接户口本的，必须好好培养。"

"可到了我这儿,我感觉自己就是一个多余的人,只要不生病、不做过分的事情,他们就当我是透明的。我纯粹是放养的,连姑姑家的表妹都不如,至少妈妈有时还会抱抱她,爸爸偶尔还会给她买根冰棍,只有我没人管没人问,没有!我也想让妈妈抱我,让爸爸给我买好吃的,我才比表妹大一岁!"说着说着,一行泪无声地从娟子的脸颊滑落,慢慢地,她抽噎起来。

"我能感觉到你的无奈、不解和不甘心,你只是想得到爸爸妈妈的爱而已。你跟爸爸妈妈说过你的想法没有?他们是怎么对待你的?"

听到我这样问,娟子不停地摇头。

"没有,他们嫌我烦,总是让我一边去!记得有一天晚上我和小伙伴跑到隔壁村子去看露天电影,散场都十点多了,是隔壁村派人送我们回去的。可我回到家时爸妈都关灯睡了,是被我的敲门声叫醒的,他们根本就没发现我不在家,他们都不在乎我!"

娟子越说越委屈,悲伤的哭声像极了小动物的呜咽。"他们不管我,不在乎我,我不明白,同样都是爹妈生的,为什么我就不能得到他们的重视和关爱,我也是他们亲生的孩子啊!"

"你也是他们的孩子。大声说出你的委屈、失望,把心里的不满和渴望都说出来,告诉爸爸妈妈,你只是想要他们多爱你一点。"我鼓励娟子说出年少时没能说出的话,并用重复的方式来释放情绪。

娟子身体轻微颤抖着,眼泪更加汹涌,她几乎是喊出来的:"为什么要这么对我?"

娟子想像别人家的孩子那样,跟爸爸妈妈撒娇,被爸爸妈妈温柔的眼神注视,事情做得好就表扬鼓励,做错了也能被耐心地批评教育。

可是,爸爸天天琢磨着去哪挣钱,根本就没时间理睬她,妈妈也总说自己累、忙，回到家就想多歇会儿，让她出去玩，别烦自己，她想跟他们多待一会儿都不行。可是娟子很想跟爸爸妈妈亲近，享受他们的爱抚，却总是被忽视、被拒绝，这让她心里有了自卑，认定是自己不够出众，不能被爸妈喜爱。

幸福的责骂

一个周末的下午，娟子午睡起来，家里没人。她无意间瞥到了爸爸挂在门口的上衣口袋里，露出一小截纸币。

娟子的心怦怦直跳，她踱过去，小心翼翼地把那张一元纸币抽了出来，迅速装到口袋里，然后跑到小卖部买了一根雪糕。

她一口一口咬着雪糕，看着路过的小朋友们用羡慕的眼神看着自己，她忽然觉得自己很厉害，很有成就感。

但雪糕的美味与令别人艳羡的成就感慢慢散尽的时候，娟子的内心还是涌上了巨大的不安。她不知道爸爸妈妈会不会发现自己偷钱，即使发现钱丢了，他们应该也不会想到是自己吧，他们常常忘记自己的存在，怎么会想到是自己拿的呢？

想到这里，娟子心安了不少。

在外面晃荡到天黑以后，娟子悄悄回到家里。一进门，就见爸爸和妈妈坐在桌旁，满脸严肃地盯着她。

"我口袋里的钱是你拿的吗？"爸爸直视着娟子的眼睛，问。

"是。"面对爸爸的逼问，娟子不敢撒谎，但与此同时，一种奇特的感觉在心中蔓延。

爸爸继续训斥她，妈妈也在一旁数落她，说她不懂事，不体谅家里的难处。他们的话语如连珠炮般向娟子袭来。娟子内心那种奇特的感觉渐渐蔓延到全身。

这是她有记忆以来，爸爸妈妈第一次离她这么近，第一次如此关注她，第一次把她作为中心，娟子的心里有种隐隐的期盼，甚至希望这些骂声永远都不要停止，因为她在这些骂声中，才感受到爸爸妈妈原来这么在意她。

爸爸妈妈教训完娟子，起身各忙各的去了，娟子呆立在原地，细细体会着刚才的感觉，一种叫作幸福的东西在她心中升起。

从此以后，每当家里剩下娟子一个人的时候，她就忍不住去到处翻找零钱，找到后就去买零食吃，然后挨训，去体会被爸爸妈妈责骂的幸福。也有的时候，爸爸妈妈并没有发现她偷钱，这个时候，她的内心反而有些隐约地失落。

心理学家阿德勒认为，偷东西的人是通过偷窃来获取安全感，或者引起父母的关注。而温尼科特也说过："孩子的行为，都是在表达自己的需求，希望父母能看见自己的内心感受。"

很多小孩子因为对父母的期待跟父母给予的不同，便产生了困惑，觉得自己是不被父母重视和关爱的，就用错误的行为去引发父母的关注和获得父母的爱，用以满足自己的渴望。在潜意识里，这种做法只是一种获得爱的手段，即使错了也愿意。

娟子便是这样，她知道偷拿钱是不对的，但她还是无法控制，因为她偷的不是钱，而是父母的爱。对父母的爱的渴望，让她欲罢不能。

偷瓜

在这种"幸福感"的召唤下，娟子的偷盗行为越来越频繁，渐渐地，从家里发展到了家外。

一个暑假,娟子在外面玩,看见一片大大的西瓜地。她顿时萌生了摘两个西瓜解渴的想法。

就在她把一个西瓜抱在怀里,去掐断第二个西瓜的瓜柄时,一声断喝,吓得娟子手里的西瓜瞬间滚落在地。

"谁家孩子偷瓜?"

接着,一个粗壮的大汉立在娟子面前:"去见你家长。"

此时已经是临近中午,娟子一家人都在院子里准备吃午饭。看到娟子被人攥着回来,爸爸瞬间明白了是怎么回事。

爸爸起身向瓜田主人道歉,但田主却并没有接受道歉的意思,他大声道:"光天化日的,这丫头就敢明目张胆偷瓜,不给点教训,她还会继续偷。"

田主说,偷一个瓜罚一百,娟子摘了两个,要两百。

听到两百块钱,娟子的脑袋像是被人打了一闷棍,嗡嗡作响。爸爸肯定不会答应的,娟子知道,两百块钱对他们家来说,是一笔很多的钱。可是田主那么凶,他会善罢甘休吗?爸爸会不会和他起冲突?爸爸一定不是他的对手。

娟子胡乱猜测着,烈日如火,她却觉得浑身冰凉。她知道,她犯了一个不可饶恕的错误。

意外的是,爸爸听了田主的话,平静地对妈妈说:"把我昨天给你的那两百块拿过来,赔给人家。"

田主可能只是想吓唬一下娟子,没料到爸爸答应得如此迅速,不禁一愣,但爸爸依然平静地说:"我的女儿犯了错,是我没管教好,我认罚。"

送走了田主，爸爸脱下鞋，狠狠地打了娟子。这顿打，让娟子好几天都寸步难行。

趴在床上，娟子的脑子里一遍遍回放着爸爸递过罚款时平静却充满无奈的那张脸，以及妈妈眼里闪着的泪光。

她知道，这两百块钱，爸爸要干几个月才能赚到。自这件事情之后，娟子很长时间都不敢再偷东西了。

转眼，娟子已经上了中学，偷瓜事件对娟子的折磨也渐渐淡去。

一个星期六的下午，娟子在院子里洗一家人的衣服。当她拿起爸爸的衬衣往水里泡之前，她下意识地掏了一下口袋，摸出了一张五元纸币。

瞬间，她的心又开始狂跳不止。她把那五块钱紧紧攥在手里，挣扎良久，最终还是装进了自己的口袋。

洗完衣服，她去小卖部买了一袋零食，但是，短暂的兴奋过后，她又陷入了深深的自责之中，几年前爸爸面对瓜田主人时，低下的头和充满无奈的眼神，在她脑中怎么也挥之不去。

再到后来，娟子上了大学。父母每月都会定期给她的卡里打生活费。每次钱到账，她都忍不住买买买，买完后，又后悔不已。

这种模式一直持续到工作，再到成家后。

"结婚前，困扰还不是很大。但有了孩子，开销变大，我以为我就不会纵容自己不停地把钱都花掉，但是，我就是忍不住。有钱就想花，花完又自责。这种纠结，真的太折磨人了。冯老师，如果不是来找您，我还以为就是自己性格的原因，从来没有想到，居然是因为我感受不到爸爸妈妈的爱，才会这样。"

"那现在呢？你觉得爸爸妈妈是爱你的吗？"我问娟子。

娟子低头沉思了很久，她摇了摇头，说："我内心还是觉得爸爸妈妈并不爱我,只是因为我偷钱,他们不能不管教我。"

爱的确认

第二次咨询的时候,娟子的情绪比第一次稳定了许多,我依然引导她继续上次的话题,看看到底是什么原因,导致她只能通过偷东西才能感觉到一点点父母的爱。没想到,在一次十几秒的深呼吸后,娟子说出了埋藏在心底已久的秘密。

原来,娟子是超生的。当时农村允许独女户生二胎,在她出生之前,还有姐姐和哥哥。大姐一直以来深受父母宠爱,等到大姐上小学,二哥也出生了,儿女双全让娟子的父母心满意足,高兴地摆了三天的满月酒。

这一儿一女让这个家充满了希望,为了能更好地培养他们,父亲不只干农活,有时间还出门打工,而母亲在家照看两个孩子,生活安稳又平淡。

可是,在二哥两岁那年,娟子的母亲又意外怀孕了,她跟娟子父亲商量说:"不要这胎吧,已经儿女双全了,再说超生是要罚款的。"可是父亲听信村里老人的说法,认为母亲的孕肚形状像是个男孩,父亲又特别想再要个儿子,就不肯让母亲做人流,让她躲去了偏远的姑姑家。

可当看到生下来是个女孩时,父亲感觉很失望,但更大的打击是在娟子满月后,他们超生被妇女主任抓住了。

于是重罚接踵而至,罚得娟子家里四处举债,差点把房子都卖掉。父亲为了尽快还清欠债,四处打工,母亲则在家承担起了父亲曾干的农活,同时带着三个孩子,农闲时还要帮村里其他人家种地以换取绵薄的报酬还债。那样的日子,一直持续了十三年。

回忆到这里,很多不确定的事在娟子脑海中闪现。

在娟子六个多月大的时候，一个亲戚介绍了一对不育的中年夫妻来抱养娟子，他们许诺会善待她，就像对亲生的孩子一样，还答应给娟子家两万元。可她的父母说什么都不肯，还说不管多穷，一家人也要在一起，哪怕吃糠咽菜，都会养大自己的孩子。

娟子有点语无伦次，她难以置信，为了她，爸爸妈妈面对那么大的诱惑都不为所动，他们没有嫌弃她、抛弃她。她一直以为，家里是因为她而被罚得穷困潦倒的，所以爸爸妈妈才会不喜欢她，觉得她是多余的。可是，家里已经那么穷了，爸爸妈妈却依然不肯把自己送给别人家，这让她很意外又特别感动，不知不觉又让眼泪弄花了脸。

其实，很多人在很多事情上都喜欢凭直觉做判断，或者只相信自己看见的、感受到的表象，就认定事情的本质如此，这种心理是不可取的，应当认真地去了解和求证，避免造成困扰和误解。

娟子还沉浸在她的情绪中，很疑惑地问我："冯老师，既然爸爸妈妈是爱我的，为什么他们从来没说过这些事情呢？也从来没解释过为何总忽略我，说爱我有那么难吗？"

"也许在你看来，说出感受并不难，但可能他们是不善于表达的，他们习惯把关心和爱都倾注在平日的生活里。"

娟子使劲点点头，说："我觉得爸爸妈妈不爱我的时候，我就习惯想到那些他们不爱我的事情来证明我的想法。当我确认了爸爸妈妈是爱我的以后，很多细节就出现在我脑海中，其实，他们很多时候都表达了对我的爱，只是我之前都忽略了。"

当娟子终于明白自己总因为花钱而纠结的真正原因后，长长地舒了一口气，她释然了，有了和从前不一样的状态。她说，她已经确定爸爸妈妈是爱自己的了，她不需要再通过偷钱来偷爱了，她要慢慢纠正对金钱的态度，不会再纠结不已了。

规划

娟子最后一次到咨询室的时候，不像之前那么拘谨了。我和她复盘了之前的咨询过程，然后问娟子："如果你现在赚到更多的钱，是否还会尽快都花出去？"娟子笑了，脸上的笑容轻松又惬意。

"我不会随便乱花钱了，我会做一个规划，该花的就开心地花掉，不该花的就不花。无论是富有还是贫困，我都不会成为金钱的奴隶。我要让金钱为我服务，让钱发挥出它应该发挥的作用。"因为卸下了身上的包袱，她感觉一下子就轻松了，从来没有这么舒服过，说话也显得顺畅和轻快。

看到娟子悟性这么高，这么快就走出了纠结的状态，整个人犹如被春雨洗涤过的绿草般清爽，我心里也有一丝感动。

娟子说，她打算把爸爸妈妈接到身边尽孝，她要弥补这些年对父母的误解和亏欠，也让年迈的父母看到她的工作和生活都很好，让他们放心。她还要跟姐姐和哥哥一起，联络家族的人，一起研究新项目，一起努力赚钱，过上富足的生活，然后去帮助更多需要帮助的人。

说到这里，娟子露出了比较严肃的神情。她说，从前荒废了太多时间，每天活在自己的世界里自怨自艾，不自信，不信任他人，造成了生活和思维的故步自封，错过很多美好。从今天开始，她必须要向前看，不怕谈钱，不怕花钱，更要努力赚钱。

娟子此刻的内心拥有爱，并想着回馈爱，这个过程就是在给自己不断地"充电"。所以，我对娟子的未来充满了期待。

后 记

半年后，娟子用打电话的方式向我报喜，告诉我她现在很好，生活忙碌又充实。每天忙着学习、赚钱。休息日，就陪孩子和爸爸妈妈一起出去，给他们改善生活，买新衣服。

娟子笑着说："挣钱就是要花的，不然人生还有什么意义呢！但有钱就花和合理消费是不同的，乱花钱是一种病，得治；但消费是生活必需，是智商和情商的考验，是升级打怪的必经之路，我一定会通关的。"

现在，娟子感觉自己内心有满满的爱，与父母、哥哥、姐姐的关系都很亲密。家里也小有存款，超出了她的预期，这让她既满足又开心。用她的话说："内心有了爱，就不需要通过花钱的方式去弥补了。用自己的努力所得，为家人花钱，只会带给自己快乐。"

最后，娟子说："冯老师，其实我一直也是一个不善表达的人，我给自己定了一个目标，就是要学会向家人表达爱，让他们都能很直接地感受到我对他们的爱。"

我相信，那个曾经需要"偷爱"的女孩已经从索取者成长为真正的给予者。

第二节　守财就是守爱

一早，小齐就默默地来到了我的办公室，她欲言又止的表情和扭捏的神态都在表明，她有事却又有点难以启齿。

我认识小齐是巧合，她是我一个好朋友的闺蜜，自己开了一家养生馆，事业已经渐渐走上正轨。她一早就来找我，肯定是有亟待解决的问题，但这种犹豫的态度，说明她还不确定要不要把心里的纠结讲出来。

我微笑着用询问的眼神看着她，小齐也眨着眼睛看了我好一会儿后，有点无奈地咧嘴笑了一下说："冯老师，看来我心里的事情是没办法瞒着您了，那我可就坦白从宽咯。"

小齐说，她的养生馆上周出了一点状况，她因为拖欠房租，被房东告上了法院。其实她是交了房租的，只是二房东没有把租金给房东，她也跟着成了不守信的被告。现在她需要资金周转，不然就会被法院强制执行。虽然她也是受害者，但为了不影响正常营业，她只能暂时吃这个哑巴亏。

小齐此番来的主要目的就是想问：在自己遇到困难，需要丈夫伸出援助之手的时候，丈夫却不肯帮一把，他心里到底是怎么想的？为什么不帮自己呢？这段婚姻还有持续下去的必要吗？

老公为啥不帮我

小齐的养生馆刚刚步入正轨，客源大部分是通过朋友或者客户介绍的，若被房东起诉走法律程序，对她来说得不偿失。如果被客户知道了，肯定会影响她的口碑。所以，她得抓紧把房租、物业、水电等费用交齐，不然，好不容易有了起色的事业就会受到严重的干扰，损失更大。

目前最严峻的问题是，开设养生馆的投入来自自己的亲戚朋友，前期的盈利都用来结清这些欠款了，现在手里没有那么多钱。她的第一想法就是寻求丈夫的帮助，让丈夫先帮她垫付各种费用，然后再说其他的。可是丈夫却不同意给她钱，就算是带利息地借都不行。这让她很生气，丈夫为什么不帮她？她刚刚有起色的事业，难道要因为房租而半途而废吗？

小齐想到了贷款，可她又没有抵押物；她甚至想通过借高利贷或者是信用卡套现等方式进行资金周转，以渡过眼前的难关。但经过认真思考后，她还是把这些选项全部都否决了。她已经因为房租之事焦头烂额了，不能再去做更不靠谱的事了。

高利贷也好，信用贷也罢，全是陷阱和套路。想清楚的小齐是绝不会碰的，可房租的问题怎么解决呢？她已经把自己这段时间赚到的钱和存款都给房东了，可还是差了一半。

小齐本想丈夫会帮自己，因为夫妻是一个整体，肯定要相互帮衬、扶持，为了家庭和孩子共同努力。但是，丈夫却不相信小齐能赚到钱，觉得把钱给小齐就是打水漂，所以死活不肯帮小齐暂交房租。小齐说，在他心里，只有钱是他最安全也是最后的保障，只有钱在他自己手里，他才觉得安心、放心。

我问小齐："你老公为什么这么在意钱？如果找不到金钱对于他的真正意义，就无法理解他内心真实的感受，也就无法让他支持你一起渡过难关。"

"嗯，冯老师，许鹏的成长经历比较特殊，但是否就真的是这个原因，我不确定，所以请您帮助我。"

温暖的零钱

原来，在许鹏五岁的时候，他的妈妈就离开了人世。他紧张、惶恐，没有人可以依赖，缺乏安全感。还会有人爱他吗？爸爸再婚后，后妈对他不管不问，虽然不会打骂他，但也不亲近他，完全是放养的。自弟弟妹妹出生起，他受到的关注更是变得越来越少。后妈会带着弟弟妹妹去吃各种美味大餐，还带他们去游乐园玩。从此，他似乎也失去了人生的意义，常常一个人蜷缩在房间的墙角，看着自己偷藏的爸爸再婚后被收起来的旧全家福照片，默默地流泪。

许鹏一个人被留在家里，想象着他们吃得开心、玩得快乐，而自己没人问、没人管。爸爸整天忙生意，很晚才能回到家，回来后也是抱着弟弟或是妹妹，亲亲这个再亲亲那个，对自己却是一眼也不多看。他多希望，爸爸也能像对弟弟妹妹那样抱一抱自己。可爸爸常常把"你长大了，是个小男子汉了，你要让着弟弟妹妹"等话语挂在嘴边，这让他更不敢去表达自己的需求。

妈妈离开后四年，当外公第一次独自进城来看望许鹏的时候，他才释放出自己的情绪，抱着外公哭着说出"想妈妈""想去游乐园玩"的话。外公满足了他的愿望——虽然外公带的钱只够买游乐园的门票外加一瓶水，但他感受到了外公的爱和无比的快乐，那一天，他比过年都开心。

从那之后，外公会隔一段时间来看他一次，带他出去吃好吃的，玩他想玩的，还给他钱。可那样的日子没过多久，外公也去世了。

妈妈走了，外公也走了，所有爱他的人都走了，这个世界又只剩下自己孤单的一个人，许鹏感觉人生已经没有了意义，甚至想到了死。直到有一天，他在外套口袋里找出了几张外公给他的零钱，虽然不多，可却给他带来了温暖和希望。他不再是一无所有，外公留给他的零钱成了他活下去的底气和最大的依仗。

许鹏还是会像之前那样一个人躲在墙角，双手抱膝，把头埋起来，想妈妈和外公。如果每天都像和外公去游乐园一样快乐就好了，或许外公也是因为不想面对妈妈离开的事实，前几年才没来看他吧。

许鹏也想爸爸也许哪天能抱一抱他，和他多说说话。他听着后妈带着弟弟妹妹们在客厅里开心地蹦跳、玩耍，听着他们开心的笑声，他的眼泪会不知不觉地落下。但是他不再害怕，因为他有外公留给他的零钱陪着他，他就像卖火柴的小女孩那样，在那些钱里找到温暖和爱，他会为爱着他的人，好好活下去。

爱要说出来

"冯老师，我知道许鹏小时候生活很悲苦，我也很心疼他。这种不幸，就是他看重钱的真实原因吗？还是说因为钱代表他最爱最亲近的人给予的爱呢？他不愿把钱拿出来分享也是这个原因吗？"

"你老公看重钱，我认为有一部分是你说的那样，但更多的是他觉得很孤单，他缺乏爱，他希望有人在乎他、爱他。你可以告诉他，你爱他，非常非常爱！你和孩子们都很爱他，因为你们是一家人。"

我引导小齐想象许鹏就在面前，并对许鹏说出她想说的话。

许鹏倚靠在沙发上小憩，小齐也坐下来跟他聊天，她先把话题引到了与孩子同班的性格孤僻的同学上，又略微提到了许鹏的童年，见许鹏的目光开始游移，小齐柔声道："我和孩子们都爱你，你还有我们，我们一直在你身边，我们一直都爱你。"许鹏迅速直起身子，眼神躲闪，好像不敢面对小齐。

"他是不相信我们爱他，还是觉得我们的爱不够？冯老师，他为什么会这样呢？"小齐皱着眉头问我。

"也许他是怕失去你们吧。你大声地告诉他，你们爱他，不能没有他，他也不会失去你们。告诉他，你们在乎他，他是安全的，再看他是怎样的反应。"

"我们爱你，我们一直都爱你，我们一直在你身边，你不会失去我们的，你是安全的，我们在一起，永远都在一起，我们是相亲相爱的一家人。"随着小齐的表达，许鹏又坐回沙发上，开始低下头掩面哭泣，眼泪滚滚而下。过了一会，他抬起头看着小齐，不停地点头，抓着小齐的手，没了之前的躲闪和逃避，变得安心了很多。

在情景中，许鹏的一系列反应，说明了他缺爱的事实。他希望得到来自亲人的爱，越多越好，越多越开心，越多越安心。当他也对小齐敞开心扉，把爱分享出来后，人也变得温和又坚定，充满了自信。只是，我们习惯了男人的坚强，却忽略了他们的感受，也忘记了，即使是一个顶天立地的男人，也可能会是一个脆弱的人，渴望被理解、被爱包围着。

爱就是要大声地说出来。因为爱不是只有长久相伴的温柔，还有面对面表达时清晰的感动；爱，是这个世界赋予我们人类最珍贵、最温暖的港湾和家园。

史铁生曾说过：爱的情感包括喜欢，包括爱护、尊敬和控制不住，除此之外还包括最紧要的一项：敞开。互相敞开心魂，为爱所独具。因为，爱是相互的，需要诉说。

"冯老师，我现在不敢跟我老公说我需要钱，我害怕他再次拒绝我。因为他已经拒绝过我很多次了，只要跟金钱有关的事情，他都是拒绝的。说多了他还觉得烦，而且只要我有要跟他要钱的意思，他就会嘲笑我很蠢。"小齐说这些话时，眼中充满了委屈和无奈，还有浓浓的失落。

钱与爱，可兼得

小齐结婚后，做了几年全职妈妈。等孩子上学后，小齐很想开个养生馆，但每次小齐说要创业，许鹏就会各种冷嘲热讽。他认定小齐是"干啥啥不行，赔钱第一名"。这个家如果不是他管钱，都得让小齐赔个精光，一家人只能住到大街上去喝西北风了。

只要小齐说借钱，许鹏就认为这是"肉包子打狗，有去无回"。他不但不借给小齐钱，还会因此生气，骂小齐是"吸血鬼，败家精"，还说小齐"没有那金刚钻，就不要揽瓷器活儿"，不要总想着去创业，老老实实、安安稳稳地相夫教子，这就是小齐能为这个家做的最大贡献。他才是这个家的顶梁柱，是这个家最能创造价值的人。

丈夫一味地指责和抱怨，除了让小齐伤心、难过外，也让她很不服气，更加激发了小齐想要做出个样子给丈夫看看的心理。

于是，她找亲戚朋友借钱把养生馆开了起来，并且经营得风生水起，很快就把借的钱还清了。如果不是这次意外，她也不至于向丈夫求助。

"小齐，你可以把你养生馆的成绩说给你老公听，告诉他，你现在做得很好，请他加盟，看看他如何反应。"我再次让小齐想象许鹏就在眼前。

"老公，我现在的生意做得很好。但是因为人手不够，已经多次让客户心不甘情不愿地改约了。客户和朋友们都建议我增加人手，这样有利于业绩增长。相信我，我会越做越好的，你也可以到我的养生馆去看一看。"

这一番话说完，小齐似乎给了自己很大的信心。

"老公，我之所以要工作、要创业，一是为了减轻你的负担和压力，二是我也想拥有自己的事业，为社会、为家庭做出贡献。我想用我自己的方法去支持你、帮助你，因为家是我们两个人的。我不想你一个人受苦、受累，我们应该互相帮助。你支持我，我会更有动力。但如果你只是指责和抱怨，会让我觉得，你不爱我也瞧不起我，我会伤心的。"

小齐也是为了这个家，为了心中的爱和期待，想要和丈夫一起扛起这个家。现在她的养生馆已经小有名气，如果丈夫给她投资、给她支持和鼓励，说不定她真的就越做越好。

当小齐再次来到咨询室时，她已经有了一些细微的改变了，她不再说需要支持和帮助的事情，而是说起了对丈夫的崇拜和敬佩。

许鹏在工作中总是努力进取、积极上进的，早就成为单位里独当一面的能手。他屡屡的升职和加薪，不但让同事们羡慕、崇拜，更是成了小齐和孩子们的榜样。

虽然许鹏还没走出童年的阴影，但他对爸爸和后妈也尽到了孝道，他是家里的顶梁柱，过去那几年，他一个人撑起了他们自己的小家和双方父母的家。所以大家都非常感谢许鹏，正因为有了他的帮助，大家才能生活得这么轻松，而他却独自承担了那么多的压力，导致他的焦虑和对金钱的患得患失。因为钱，是让他的家人过上好日子最根本的保证。

上次咨询完回家后，小齐代表所有人感谢丈夫，包括父母、弟弟妹妹和孩子们。是许鹏的努力付出，才让所有人不必为生活琐事烦忧。现在，她终于理解了他的焦虑和不安的来源。

许鹏儿时在那样的家庭生活，缺少父母亲人对他的肯定和疼爱，导致了他的一些认知偏差，如在金钱的问题上，就错误地认为"钱多，爱就多""钱在，爱也在""如果钱没了，爱也就失去了"。正是这种心理偏差导致了他守财奴似的理念，全部的钱都攥在手里才安心，不肯把钱放出去理财，让钱生钱，也不肯拿钱支持妻子去做正当的、有益的事情。

但现在，小齐不再是委屈和抱怨，而是先交出自己的真心。她告诉许鹏，她爱他，会永远和他在一起，也会去努力挣钱，把赚到的钱都交给许鹏管理。因为她相信，许鹏一定会把家、把钱都管理得非常好，他有这样的能力。

许鹏有了小齐的肯定和鼓励，也打开了心扉、卸下了心防，彻底明白了自己应该在意和守护的是什么，不是金钱，而应该是爱，是家的温暖。他决定，无论这家养生馆经营得如何，他都会支持小齐，还说，看似是自己把钱给小齐救场，其实反倒是小齐给他机会当养生馆的小老板。

最后，小齐想让我帮她达成一个在现实中无法实现的小小的心愿：她想在情景中和已故的婆婆以及丈夫的外公表达一下她的想法。

小齐见到了婆婆和丈夫的外公，他们的形象正如许鹏小时候珍藏的全家福里一样，看着与自己年纪相当的婆婆，她也不禁潸然泪下。小齐告诉他们，许鹏是非常优秀的人，不但工作出色，生活中还能兼顾三个家庭，是最棒的儿子、丈夫和父亲，请他们放心。她会像他们一样爱他，会支持他、帮助他。

婆婆和外公听到后，也拥抱并祝福了这个与他们素未谋面的儿（外孙）媳妇，并且表示，相信小齐和许鹏会一直长长久久地走下去。

后　记

生活不会一成不变，当人们为了更好的生活和目标去努力奋斗时，有坚定的支持和后盾，就会更有干劲，也会走得更稳更远。

最后的一次咨询，小齐展望了五年后的事业和家庭生活，在丈夫的大力支持和她坚持不懈地努力下，她已经有了一个和谐又高效的团队，事业和生活都发生了很大的改变。守财的许鹏也终于放下了对金钱的偏执。大家都很开心，也更加愉悦地服务社会。生活，也更加阳光灿烂。正如《增广贤文》中所说：黄金未为贵，安乐值钱多。

第三节　鱼与熊掌可兼得

沐雨在一个规模很大的公司任职，她是从乡村走出来的姑娘，如今在城市立足，有了体面的工作，顾家的老公，还有一个可爱的女儿。在外人看来，她的人生可谓顺风顺水，幸福圆满。但外人不知道的是，沐雨非常忙，她几乎把所有的时间都奉献给了工作。她没有时间陪伴女儿，也没有多余的精力照顾家庭，可即便如此，沐雨还总是为钱所困，甚至不得不向丈夫请求支援。这让丈夫非常不满意，他经常说："你整天工作，家都成了你的旅馆了，你居然还说自己没钱。"是啊，不仅丈夫对自己不满意，沐雨也对自己不满意，她都快成工作机器了，为什么还是过得这么穷呢？

沐雨斜靠在咨询室的沙发上，声音里是掩饰不住的疲惫："冯老师，我很小的时候就知道，只有努力学习，努力工作，才能过上理想的生活，可是，我考上了名牌大学，毕业后也丝毫不敢放松，一路打拼到了现在的位置，却还是过得一团糟。我使劲赚钱也存不下钱，老公对我不满意，孩子跟我不亲近，我这么多年的努力都白费了。"

沐雨说，她从小就穷怕了，所以总想努力工作攒一些钱，以备不时之需，可是，每当手头有了一些钱的时候，就会出现一件需要花钱的事情，然后钱就没有了，每次都是这样。

她在模仿谁

心理学认为，一个人生命里反复出现一件事情或者一种状态，那么，这就是这个人的固有模式。

每次有了钱，就会遇到需要花钱的事情，然后变得没钱。这就是沐雨的模式。

那这个模式从何而来呢？这需要到沐雨的生活经历里去寻找。

我让沐雨放松后，她回溯到了童年的情景。沐雨说，看到爸爸妈妈正在果树下辛苦地劳作，爸爸吃力地把一筐水果搬到三轮车上，擦了一把额头的汗，喘着粗气对妈妈说："等把这些水果都卖出去，孩子们的学费就有着落了。"妈妈把散落在额前的头发往后捋了捋，叹了口气说："一交学费，就又没钱了。反正是永远没有钱。"然后，出现在沐雨眼前的是妈妈似乎永远都愁苦的脸，这让沐雨感到既心疼又内疚。

沐雨说，小时候总是听到妈妈说，攒不住钱，花的总比赚的多。爸爸告诉沐雨，必须好好读书，考上好的大学，有文化才能赚到钱。这时妈妈也会说："钱哪是那么容易赚的，大城市的人表面风光，赚得多，花得更多。"

妈妈的话并不是空口无凭。沐雨的舅舅十几岁就去外地打拼了，几年后，舅舅开着豪车衣锦还乡，给每个人都带了精致的礼物。这让妈妈和外公外婆都觉得扬眉吐气，在乡亲们面前也变得底气十足。然而，风光的日子没过几年，有关舅舅的流言就在这个小镇传了开来，大家都在悄悄议论，说舅舅在外面欠了很多外债，根本不像他表现得那么有钱。

沐雨还记得，有一天晚上，舅舅满面愁容地来到自己家，吃过晚饭，妈妈就把沐雨赶回里屋做作业，沐雨清晰地听到妈妈在外屋压低声音质问舅舅："他们说的你欠债的事情究竟是怎么回事？"随后，沐雨听到舅舅在抽泣，在解释自己做生意的种种艰难，又听到舅舅在求妈妈不要告诉外公外婆。

之后，妈妈每次在人前提起舅舅都会说，在外面打拼的人，虽然赚得多，但花费也很高，很是不容易，然后就会感叹，任何人想要有钱都不容易，钱哪是那么容易赚的。

随着年龄的增长，随着走出家乡，沐雨来到新的城市，组建新的家庭，童年的经历似乎已经成为遥远的回忆，但妈妈的这些言语早已深深地印刻在沐雨意识深处，成为她潜意识的一部分，操控着她的生活，主宰着她成年后的金钱世界。

《有钱人和你想的不一样》一书中有句话，精准地诠释了沐雨的困境：你年幼时听到的任何有关金钱的话，都会留在你的潜意识里，成为支配你金钱观的一股力量。

虽然理智上，沐雨相信只要自己努力，就能改善经济状况，但沐雨不知道的是，潜意识的力量、内心深处对妈妈认可的力量，远远大于自己的理性对自己的操控。而理智在明处，潜意识在暗处，所谓明枪易躲，暗箭难防，所以，我们常常被潜意识操控着，却从意识层面去找原因，自然是不可能成功的。

当一个人为钱所困的时候，一般都会从以下几个方面去思考：是不是我不够优秀，是不是我不够努力，是不是我不会理财？这些是造成财务困境的原因吗？当然是。但这只是一部分原因，而且是表面的原因，如果不找到根本的原因，只从表层解决问题的话，效果并不会很明显。

如果我们把人比喻成一棵大树，这棵大树的叶子很枯黄，结的果子又小又少，我们该怎么办呢？我们可能会想，是不是有虫子了，是不是阳光不够，是不是缺水了？这些当然是树没有长好的原因，但是最根本的原因在哪里呢，你肯定知道，最根本的原因一定在树根。

如果说树叶和果实是我们的财务现状，阳光、水分是我们的知识、技术，那树根就是我们潜意识里关于金钱的认知。

潜意识的来源之一，就是成长过程中父母的言行举止被我们模仿。模仿，是人类在漫长的生存过程中发展出来的一项本能。妈妈日积月累地表达着"花的钱永远比赚的钱多，攒钱是很难的"。沐雨如今的财务状况，就是对妈妈进行模仿的结果。

听了我的解释，沐雨挺吃惊的，她说："真没想到，财务状况还有这么复杂的原因。听您这么说，好像就是这样的。可是，妈妈对金钱的观念已经深深影响到了我，我还能改变吗？"

我安慰她："当然能。这个办法就是把妈妈对你的影响和你自己的想法分离。下次，我们就来解决这个问题，好吗？"

沐雨坚定地点点头。

她是她，我是我

有句歌词："长大后我就成了你。"很多人都有过这样的体验，在某一个时刻，自己做出了与父母之前面对相同境况时同样的决定和举动。比如，小时候经常被妈妈责骂，自己曾经发誓，以后不会这样对待自己的孩子，可是当孩子让自己生气的时候，也忍不住对孩子大吼大叫。事情过后，忽然觉得：我刚才的样子，怎么和我妈一样呢？因为妈妈的那些行为已经刻在你潜意识里了，所以你在遇到类似的事情时本能地就会做出相同的行为。

心理作家武志红在他的《你就是答案》一书中讲述过自己的经历，武老师的爸爸是个很有经济头脑的人，属于最早就开始做生意的一批人，但很多和武爸爸一起做生意的人先后都发家致富了，唯独武老师家还是很穷。为什么会这样呢？表面上的原因是武爸爸经常遇到坏人，总是在刚赚到钱的时候就遇到小偷和骗子。每次都是这样，大家都觉得是武老师的爸爸运气太差了。

武老师长大后，也遇到了和爸爸类似的状况。他准备了一张银行卡，专门用来存讲课、出书等商业性活动所赚到的钱，但这张卡好几次都被他忘在自动存取款机里，幸运的是，相比他爸爸当初的遭遇，其程度有所减轻。

想要改变这种模式，我们就要在潜意识层面把自己和父母分开。父母是父母，我们是我们。父母在他们的那个年代和成长背景中，形成了他们的观念和行为模式，而我们的成长背景已经和父母不一样了，那些观念对我们的适用性是会随着时代的发展而渐渐减弱的。

像武老师的父亲和沐雨的妈妈，他们都生活在一个物质贫乏的年代，而作为下一代的武老师和沐雨，都受过高等教育，都去了有更多资源的大城市，和父母的生活环境已经截然不同，所以，该和过去的生活做一个告别了。

我引导沐雨想象妈妈就在面前，并对她表达。

感谢您在经济那么拮据的情况下，依然供我读书，才让我有机会看到更大的世界。我尊重您的生活和观念，您是否愿意改变，都是您的自由。我已经长大成人，并且到了一个不一样的环境，为了适应新的环境，我要用新的观念开启全新的生活了，希望您能够祝福我。

表达完之后，我问沐雨有什么感受，沐雨说："好像卸下了一个大包袱。有一种摆脱掉旧生活，踏上新征程的感觉。还有一种与妈妈有了边界的感觉，自己可以陪伴妈妈，与妈妈交谈，也可以有完全不同于妈妈的观念与生活。"

原生家庭养育了我们每一个人，我们都从原生家庭中继承了很多观念与行为模式，这些观念与行为模式之所以被我们继承了下来，是因为在早年它一定是对我们有指导意义的。但是，人在成长，环境在变化，所以只有抛弃那些过时的观念与行为模式之后，我们才能更好地生活与发展。

沐雨的全新感受，就在于她终于看到了自己那些过时的观念，把它们还给妈妈后，她就可以开始另一种生命体验了。

时间过得很快，又到了咨询结束的时间，我和沐雨对本次咨询做了一个简单的回顾，沐雨从原生家庭里找到了导致经济困惑的原因，就是沐雨在模仿妈妈的经济模式。我们约定，下次咨询的目标是解决现在家庭的问题。

观念也需辞旧迎新

沐雨再次走进咨询室的那个下午，天空灰蒙蒙的，狂风把地上的尘土与树叶高高卷起。沐雨的头发被吹得很凌乱，但她脸上却是温婉的笑容。沐雨告诉我，上次"告别"完之后，感觉自己似乎活在了一个全新的世界之中，连路边的风景都感觉和以前不一样了。

她说："冯老师，我有一种很神奇的感觉。明明我的生活一点变化都没有。可是感觉上却是发生了翻天覆地的变化，心理对人的影响，真的是太大了。"

我笑着回复她："是啊，这就是心理咨询的意义。心理咨询不会马上改变你的现实问题，但现实问题很多时候是心理问题造成的，所以心理改变了，生活就也会跟着改变。"

把妈妈的观念还给妈妈之后，沐雨就可以重新建立一个自己的新观念：并不是花的钱一定会比赚的钱多，只要合理规划，以沐雨的收入，完全可以过上自己理想的生活。

接下来，我们要探究沐雨的另一个观念的来源：必须投入大量的时间拼命工作，才能赚到钱。

因为工作，沐雨和丈夫的关系变得很糟糕，也没有时间参与女儿的成长，这让沐雨非常难受。

孩子三岁之前，沐雨每次要加班，孩子都抱着她大哭，不让妈妈走。沐雨心里也很难受，但她只能对女儿说："妈妈不上班，怎么赚钱养活你呢？"丈夫每次抱怨她的心里只有工作，沐雨都辩解说："不工作，吃什么喝什么？"

以前，沐雨坚定地认为自己必须这样做，但现在她知道很多现实困境都有心理成因之后，也反思过自己，尤其是看到很多同事都经常在朋友圈晒和孩子一起玩耍的照片，沐雨更加觉得，自己也可以享受这样的生活。

前几天，沐雨出差回来，特意给孩子买了一盒新款乐高积木，她想陪孩子玩一会儿，可孩子直接抱着积木去找爸爸了。看着父女俩其乐融融的画面，沐雨特别伤心，她感觉自己像个外人一样。其实自己这么辛苦，也是为了女儿有个好的起点，可是女儿居然这么排斥自己，她该怎么和这个六岁的孩子表达自己的一片母爱呢？

晚上，沐雨和丈夫抱怨了几句，丈夫便对她冷嘲热讽："你整天不见人，孩子和单亲家庭有什么区别。"听了丈夫的话，沐雨的心情特别沉重。换作从前，她可能会和丈夫大吵一架，但是她现在意识到，这是他们的家庭出了一些问题，她要找到原因，才能改善家庭关系。

可是，沐雨不可能辞职，她很看重自己的这份工作，难道家庭与事业就只能是对立的吗？我们前面说过，当一个人长期重复一种生活状态时，他就可能是处于他的一种固有模式中，而固有模式的形成原因，我们需要从过往的经历中去寻找。

沐雨再次回忆起童年的一个情景，她看到爸爸一脸挫败地蹲在地上，使劲地吸着烟。妈妈坐在床上，一边叠衣服，一边嘴里絮絮叨叨地抱怨着："这日子什么时候是个头啊，你说你，一天忙里忙外的，也拿不回来几个钱……"爸爸显然很烦，把抽剩下的烟按在地上掐灭，站起来便往外走。妈妈一把把叠好的衣服推倒，大声冲着爸爸喊："你又去哪里？"爸爸头也不回地说："不出去怎么赚钱。"

沐雨知道，这是爸爸不愿在家里面对妈妈的唠叨，所以找借口出去躲避。

沐雨又想起了自己刚生完孩子之后的情景，婆婆端着一碗鸡汤走进来让她喝，说喝了才会有足够的奶水。沐雨不喜欢喝鸡汤，婆婆便一个劲儿地说：当妈的人了，不能只考虑自己，要为孩子想。沐雨给孩子穿纸尿裤，婆婆便说：纸尿裤不透气，这都是大人图自己省事，就不管孩子的健康。沐雨找丈夫抱怨几句，丈夫便说：我们要体谅老人，要是得罪了她，以后谁能无偿地帮我们带孩子？丈夫的话从道理上挑不出毛病，但沐雨的内心还是觉得压抑、委屈。

产假结束后，沐雨回到公司上班，一下子觉得清静了许多。她甚至变得喜欢加班，喜欢出差，觉得那种安安静静、全身心投入工作的感觉特别好。

沐雨睁开眼睛，她沉默了一会儿后开口道："冯老师，我明白了。一直以来，我在工作上花费很多时间与精力，其实是为了躲避家庭矛盾。工作必须投入大量的时间，只是我给自己找的一个借口。其实说句实话，我有时候也觉得，上班时间我提高效率的话，根本不用加班。"

很多时候，面对真相是痛苦的，是需要勇气的。为了让自己不用承担面对的痛苦，人会本能地逃避面对真相。可是，大部分人又不愿意承认自己的软弱，便采用合理化的防御方式让自己的逃避显得合情合理。沐雨便是如此，她一想到在家里要面对与婆婆的矛盾，便想逃避，可是理智又告诉她这样做不合适，所以，她不自觉地参考了爸爸的做法，"我整天不着家是为了赚钱""不加班怎么能赚钱呢"就是沐雨为合理化自己行为所找的理由。幸运的是，沐雨已经看到了自己的心理机制，当问题被呈现的时候，也就有了解决的可能性。

沐雨郑重地说："即使我不加班，我也可以赚到和现在一样多的钱，甚至比现在更多。因为我的思路更加清晰了，这样的提升会让我的工作能力更强，工作效率更高。工作与家庭，我都要。"

我问她："那回家后，婆婆再挑剔你的话，你会怎么做呢？"

沐雨想了一会儿后说："其实婆婆也没有恶意，而且这么多年，我经常不在家，都是婆婆和我老公带孩子，他们把孩子带得那么好，我需要向他们学习。今后我们肯定还会遇到不同的意见，不过我不会再逃避了，只要愿意，总会找到解决办法的。"

我相信，她一定能做到。

后 记

《有钱人和你想的不一样》里说：你的内在世界决定了你的外在世

界，如果你认定自己不够好，你就会把这个想法合理化，并且创造出那个"不够"的现实状况。相反，如果你相信自己是富足的，你也会把那个信念合理化，并且创造出富足丰盛的条件。为什么？因为"丰盛"会成为你的根源，自然而然地成为你的生活方式。

当沐雨的内在世界改变之后，她的外在世界肯定也会发生变化。

咨询结束大约一个月之后，沐雨特意来咨询室告诉我，她和老公深度交谈了一次，把自己做心理咨询的经过和内心产生的变化都告诉了丈夫，并向丈夫道歉，希望他原谅自己之前的不靠谱。意外的是，丈夫听了她的心里话，反而向她道歉，说没想到她受了这么多委屈，自己以前太不体谅她了。

现在，她和丈夫一起在学理财，相信他们的财务状况肯定会越来越好。每个周末，他们都会一起带女儿出去玩。小孩子毕竟内心还是渴望得到妈妈的爱的，每次一起出去，女儿都特别开心，和她也日渐亲近。关于婆媳问题，沐雨的老公说，婆媳问题的本质都是夫妻关系与母子关系，这个不用沐雨操心，他会处理好一切。

沐雨说："太感谢你了，冯老师，你拯救了我的生活。让我鱼与熊掌兼可得。"我告诉沐雨："你最该感谢的，是你自己。我只是提供了一些引导，你自己的努力成长，才是改变的根源。"

沐雨走出咨询室的时候，又刮起了大风。我站在窗边，看着她在风中坚定的步伐，我知道，再大的风浪，她也一定能走过去。

第四节　败家的财务总监

　　身为大公司财务总监的叶秋收入不菲，但家里的日常开支和孩子的教育费等全靠叶秋的丈夫负担。而叶秋的收入每一到账，她基本上都会各种"买买买"花完。为此，她丈夫颇有微词，最近一次，叶秋又把工资花个精光的时候，丈夫终于爆发了："儿子马上就要上私立学校了，那个学校的家长哪个不比我们家有钱？但我听他们一聊起天来，又有哪个不是精打细算的？你倒好，整天买些没用的东西，我从没见过像你这样败家的人！"说完便摔门而去。

　　"败家"两个字落在叶秋的耳朵里，也砸在她的心里，一阵阵疼痛。

　　"冯老师，其实我何尝不知道应该为孩子们攒些钱，除了我儿子，我还有两个外甥需要我照顾，但是我真的是控制不住，不由自主地就花出去了，钱花完后，还是很空虚，仿佛内心有一个无论如何都填不满的深渊。"

　　"工资到账后，你都是如何支配的呢？"

　　"每次到账，我都会先给姐夫账上打两万，这是雷打不动的，姐姐去世了，姐夫独木难支，他不想再让我外甥上私立学校，我不同意，所以这个学费我来出。然后，钱就不固定了，好像看到账上有钱不花，心里就难受。"

　　"这种情况是从什么时候开始的呢？"我问叶秋。

　　叶秋望向窗外："应该……是从我姐姐去世之后吧。"

姐姐的担当

在叶秋升高三的那年,叶秋的爸爸离世,妈妈一下子老了很多。叶秋清楚地记得,爸爸临终前,姐姐在爸爸身旁含泪许诺:"我马上就毕业了,我来负责妹妹的学费。你们操劳一辈子,您没等到我们的奉养,我一定不让妈妈再受苦了。"

办完爸爸的丧事,正好是姐姐拿到毕业证的时候。姐姐很快找到了工作,她坚决不让妈妈再操劳了。她说:"我好歹名牌大学毕业,赚的钱足够供养妈妈和妹妹。我坚持几年,等妹妹也毕业了,我们家的日子会越来越好。"

到了叶秋金榜题名之际,全家人还沉浸在叶秋考上重点大学的喜讯中时,妈妈忽然得了重病,这瞬间让家里的气氛,从欢乐转为悲伤。

叶秋坐在窗边,呆呆地盯着手里的录取通知书。妈妈的这场重病,花光了家里所有的积蓄,还欠了一部分外债,后续治疗也将是一笔不小的开支。

姐姐为了妈妈的后续治疗找了两份兼职,没有一天休息日。叶秋还发现,姐姐好像很久没提到过男朋友的事儿了。有天她特意提到,姐姐却故意岔开了这个话题,叶秋看到姐姐转身的时候在悄悄擦眼泪。她瞬间明白了是怎么回事。

姐姐为家里牺牲了太多,自己也已经十八岁了,不能再让姐姐一个人承担了,叶秋觉得自己应该和姐姐一同挑起家庭的重担。

想到这里,叶秋狠狠心,把录取通知书撕开了一道口子。这时,一双手迅速地伸过来,用力地掐住了叶秋的双手,叶秋吃痛,下意识地松开了手,通知书掉落在地。

第二章　从原生到新生　　077

"你这是做什么？！"

叶秋回头，见姐姐生气地瞪着自己。叶秋低下头道："我只是想赚钱。"

姐姐把录取通知书捡了起来，锁在了抽屉里，然后严肃地告诉叶秋："你现在去赚钱，只能从事低端、低收入的工作。那点钱够做什么？可是你坚持四年，你的起点就会不一样。你现在辍学，不但帮不了我，还会害了自己一辈子。以后不许再动这样的歪心思，给我好好读书，听见没有？"

叶秋哭着点头："可是姐姐你太辛苦了。"

姐姐走过来，摸摸叶秋的头发："傻丫头，我们要把眼光放长远一些，我们一起坚持四年，好吗？你好好读书，我的辛苦就值得。"

叶秋紧紧抱住姐姐。如果没有姐姐，叶秋不知道自己能不能承受得住生活的变故。姐姐虽然只比她大五岁，却是她的精神支柱。

回溯到这里，叶秋早已泪流满面："冯老师，我常常在想，如果当年我不去读书，而是和姐姐一起承担，姐姐后来是不是就不会积劳成疾。是我害了姐姐。"

在叶秋的心里，姐姐替自己承担了本该自己承担的那部分压力，她认为自己要为姐姐的去世负责，所以才会过度自责。但是，姐姐生病和叶秋去读书并不是因果关系。当下的叶秋，是在承担着不属于自己的责任。

我建议叶秋把对姐姐的内疚讲出来。

姐姐满脸病容，神态疲惫。叶秋的心被揪得很疼："姐姐，你为我们家牺牲了那么多，我没有和你一起去承担，才害得你年纪轻轻就得了重病，你和爸爸妈妈都在为家庭付出，为家庭牺牲，只有我一个人享受你们的成果，我对不起爸爸妈妈，更对不起你。都是我害了你，我太自私了。"

姐姐看着叶秋，冲她微笑着摇了摇头："傻丫头，你怎么能这么说呢？你当年还小，读书才是你的责任，后来，你不也一直在为我付出吗？"

"我的付出来得太晚了，我早点和你一起承担，你就不会那么累了。"

姐姐叹了口气："你千万不能这么想，姐姐和你说过的话你都忘了吗？当年为妈妈选择做手术而不是保守治疗，是我的选择，后续治疗方案也是我做的选择。是我自己选择了高价的治疗方案，我的选择我负责。你的选择你负责。我们都为自己的选择负责，不要为别人的选择负责，知道吗？我生病与你无关，你已经做得够多了。不许再自责了，知道吗？"

叶秋哭着点头："我都听你的，只希望你不要离开我！"

"冯老师，姐姐不见了。她消失了。我终究是留不住她。"叶秋的脸上全是痛苦的表情。

"记住姐姐告诉你的话，重复它。"我提醒叶秋。

"姐姐得病不是我的错，我不该自责。"叶秋重复着这句话。

我问叶秋对姐姐倾诉后的感受，叶秋说："现在好多了，心里觉得轻松了一些。但还是有个问题一直困扰着我，我和姐姐曾经都认为，只要我们努力赚钱，就能过上我们理想的生活，可是，我现在发现，人生最重要的事情都是钱无法解决的。我现在都不想上班，我不知道努力的意义是什么。"

人做每一件事，都是受到动机的驱动。叶秋自从姐姐去世后，就变得没有动力，那姐姐去世前后究竟发生了什么？

我们还是需要去叶秋的故事里寻找答案。

最是人间留不住

带着对妈妈疾病的担忧，带着对姐姐的感恩与愧疚，叶秋第一次远离这座她成长的城市，开启了她的大学生活。大学四年，叶秋都没有和姐姐见过面。姐姐在为妈妈的治疗辛苦奔波，叶秋也在勤工俭学。

只有在每年的除夕夜和中秋节，她们姐妹俩才舍得花一些话费，通电话聊一聊彼此的现状，更多的是为对方打气。放下电话，叶秋就会数着自己毕业的日子，她心里想着，等她毕业了，姐姐的苦日子就熬到头了。

"我当时还是太天真了，天真地以为生活像电视剧，熬过苦日子，就一定能等来大团圆的皆大欢喜结局。"叶秋痛苦地闭上了眼睛，沉默了好一会儿，才再次开口。

毕业后，当叶秋拉着行李箱，再次回到阔别四年的家乡时，见到姐姐的那一刹，叶秋瞬间就哭了。她没有久别重逢的喜悦，只因她一眼看到了27岁的姐姐就像一个中年妇女一样，头顶已经长了好几根白发，还有灰暗的皮肤和黑眼圈，一看就是常年休息不好，身上穿的还是几年前的衣服。

姐姐却还是微笑着看着叶秋，就像她小时候那样，摸摸她的头发："我的小妹妹长大了，越发好看了。"

回家后的第二天，叶秋就拿着早已准备好的简历去找工作。她没能像姐姐当年那样顺利，简历投出去好几封，却迟迟没有回应。叶秋心急如焚地投着简历，手机一刻也不敢离身，生怕错过了面试的机会。

经过一段时间的煎熬，叶秋终于得偿所愿，收到了一家大公司的录用通知。可是，犹如四年前一样，短暂的欢乐瞬间被噩耗冲掉，姐姐的努力终究还是没有留住妈妈。

姐姐无法接受妈妈的去世，整个人陷入了巨大的悲伤之中。

叶秋除了上班，就陪在姐姐身边，不停地安慰着她。周末，她就拉着姐姐出门，去曾经姐姐带她玩过的地方，转移姐姐的注意力。

看着姐姐郁郁寡欢的样子，叶秋心里充满了恐惧。一天，她哭着对姐姐说："爸爸妈妈都走了，我就剩你一个亲人了，你别这样好吗？"姐姐似乎感受到了叶秋的恐惧，在妈妈去世后，姐姐第一次挤出一个笑容，她温柔地摸摸妹妹的头发："傻丫头，姐姐不会有事的，姐姐会照顾好你的。"

姐姐看似恢复了正常，正常上班下班，晚上就给叶秋做各种好吃的。

叶秋的心也随着姐姐的状态好转而逐渐放松下来。

后来，姐妹俩的生活逐渐步入了正轨，事业上都小有成就，都升了职，加了薪；生活中也大步迈进，都结了婚，生了子。叶秋想，姐姐总算是苦尽甘来，未来的日子，应该就会一生顺遂了。

然而，生活偏偏不肯放过姐姐。三年前，姐姐得了和妈妈一样的重病。姐姐想放弃治疗，可是叶秋不肯："你没有留住妈妈，我必须留住你。"

叶秋成了曾经的姐姐，她拼命加班赚钱，她告诉自己，不能让姐姐重蹈妈妈的覆辙，姐姐还年轻，孩子还那么小，她不敢想没有姐姐的生活。

看着叶秋在医院一掷千金，老公和姐夫都劝叶秋要冷静考虑，并不是最贵的方案才是最适合的，但叶秋一句也听不进去："你们是舍不得花钱吗？我花的是我自己的钱！只要能救回姐姐，我就是倾家荡产也在所不惜！"

可是，姐姐还是走了，比妈妈走得还急。

"钱有什么用呢？姐姐为钱熬坏了自己的身体，钱却救不了她的命。"叶秋再次望向窗外，眼神落寞而凄楚。

叶秋从十几岁开始就看着姐姐通过努力赚钱来撑起一个家，这也让她认为，只有努力赚钱，才能达到目标。但现实的不遂人意，使叶秋对自己曾经认同的观念产生了深切的怀疑，她的信念彻底坍塌，再也找不到金钱的意义。

巨大的悲伤和遗憾充斥在叶秋的心中，她很有可能是通过报复性消费这样的方式来转移注意力，进行自我保护。这场变故也可能使她对生活的认知发生了巨变，苦苦攒钱到头来也是遗憾，不如享受现在花钱所带来的掌控感。

叶秋的心结从家庭变故中来，还需要回到和妈妈、姐姐的关系中去解决。我和她商定，下一次咨询的目标，是重新找回金钱的意义。

错怪金钱

叶秋按时来到了咨询室，她放松身体后，很快便进入了情景当中。

叶秋像童年和少年时无数次那样，打开那扇熟悉的家门，步入那个熟悉的客厅。妈妈和姐姐见叶秋回来，都微笑看着她，眼里是满满的宠爱。从小到大，妈妈和姐姐就是这样看她，在她们心里，她永远都是那个被全家人宠着的孩子。

叶秋一阵心酸，眼泪忍不住滚滚而下："为什么你们要离开我？"

妈妈走到叶秋面前伸手替她擦眼泪："妈妈对不起你们。妈妈曾经以为，牺牲自己就是对孩子的爱，所以不懂得善待自己，才让自己得了病，害得你这么早就没有了妈妈，也拖累了你姐姐。一个人自己不爱惜自己，别人怎么努力都是没用的。别再像妈妈这样了好吗？你也当妈妈了，好好爱你自己就是对孩子最好的爱,让孩子有一个健康的妈妈。"

叶秋使劲点点头:"我听您的。当初总是和姐姐一起憧憬着攒钱后的生活,我们真的是太傻了,把钱看得那么重。钱根本就不重要,我们不该那么努力去追求它。"

姐姐也走到叶秋身边,抬起手,像曾经无数次那样,摸了摸她的头。在姐姐的心里,从来不把她当妹妹,而是当孩子一样疼:"傻丫头,怎么能说钱不重要呢?你想想,要不是你的钱,姐姐怎么能在人生最后的阶段住最好的病房,用最好的药,享受最好的服务呢?如果不是你现在赚钱的能力,姐姐走后,姐姐的两个孩子怎么还能读那么好的学校,这不都是钱的作用吗?"

"可是,钱没有留住你和妈妈。"叶秋哽咽道。

姐姐轻叹一口气:"这和钱没关系,妈妈是发现得太晚了。姐姐是自己压力太大了,我怕你走上我当年的道路,所以我已经准备好面对死亡了。但也正是钱,让妈妈多陪了我几年,你不知道,那几年你在外地上学,我每天回到家有妈妈的感觉多好。你们只看到了我的辛苦,却没看到我用钱换来了妈妈的陪伴,多么值得。我当年用金钱换妈妈陪我,你现在要用钱让自己生活好,陪伴孩子们健康长大。"

妈妈和姐姐都拉起了叶秋的手。妈妈说:"乖女儿,你要开开心心地生活,我和你姐姐才能安心。"

叶秋看着妈妈和姐姐,郑重地点点头:"我错怪了你们,怪你们都离我而去,我也错怪了钱,恨钱不能如我所愿。我知道自己错了,我不该只沉浸在自己的情绪里,只是不停地花钱,我还有老公,还有儿子,还有两个外甥,他们都需要我的关心和爱。"

妈妈和姐姐看着叶秋,轻轻地微笑点头。

睁开眼睛后，叶秋说："冯老师，我好像理解自己的行为了。可能是我看到钱，就有点恨它，恨它留不住妈妈，也留不住姐姐。所以我也不想留它。"

"现在想想，如果发工资了，还想不想花呢？"

叶秋闭目沉思了一会儿："现在好像没有这种冲动了。两天后就是工资日了，下周我再告诉您实际情况。不过和妈妈和姐姐对话后，我还是感觉整个心境都发生了巨大的改变。"

一个家庭的人，总是容易有相似的观念与模式。叶秋的妈妈是一个为家庭而牺牲自我的人，而姐姐在妈妈生病后，继承了妈妈的模式，去为家庭牺牲，在姐姐生病后，叶秋也本能地继承了这种模式。即使叶秋的成长跑赢了时间，足以为姐姐提供上佳的医疗资源，但却没能追上姐姐离去的速度。不幸中的万幸是，叶秋没有再重复姐姐的人生。

而通过心理咨询，叶秋看到了自己对金钱的误解，当观念有了改变，行动自然也会跟着发生改变。

爱与钱同行

一周后，再次来到咨询室的叶秋，脸上带着浅浅的笑容。她告诉我，上周除了给外甥的学费，给自己儿子买了一点玩具之外，剩下的钱全转给了丈夫。"稍微有一点想使劲花的冲动，但很快就冷静下来了。"叶秋说，"看到我把钱转给他，我老公吓了一跳，以为我出什么事了。我说，你不是说我败家吗，我这回不败家了，怎么倒不习惯了？我老公说，如果我败家能一生健康快乐的话，他就宁愿我败家，还有他在呢。"

"其实，我老公还是很关心我的，这几年沉浸在我家的变故中，我忽略了他，也忽略了儿子和外甥。我现在就在想，在以后的生活里怎么弥补他们。"

我提议叶秋展望一下五年后的生活，给自己做一个规划。

叶秋看到两个外甥还有儿子都长高了，在开心地玩耍着，心里感觉特别欣慰。

然后，她看到了丈夫，他走过来告诉叶秋，大外甥考上了重点中学。趁着暑假，带孩子们去好好玩一玩。

丈夫开着车，载着叶秋和三个孩子去自驾游。

路上，坐在后排的大外甥忽然开口道："小姨，我爸爸说我和弟弟上私立学校已经花了你很多的钱，我们还整天玩，整天吃好吃的，这样会不会太败家了。"

叶秋听到外甥的话，被逗笑了，她探过身子摸摸外甥的脑袋，宠爱地看着他，犹如当年姐姐对自己一样："傻孩子，你小姨我可是财务总监，收入很高的。你放心吧，你和弟弟们的教育费，我都准备妥当了。只要收入足够，除了必须花的钱，我也要让你们享受生活，每天都开开心心的。"

外甥若有所思地点点头，然后说："小姨，我明白了。我们赚到的钱，先满足了生活的必需花销，然后，让身边的人吃好玩好，享受生活，得到快乐，也是有积极意义的，这样不能算败家。"

看着外甥成熟的样子，夫妻俩笑了起来。丈夫打趣道："当年你小姨那才叫败家呢，整天只买没用的，有用的一件也不买。不过我后来发现是我错了，你小姨其实是在进行心理疗愈，也不是真正的败家，因为健康比金钱更重要。"

外甥又像大人一样道："我知道我妈妈和小姨感情特别好，以后我也要这样对你们和弟弟们。等我赚了钱，合理规划，留够生活必需的开支外，也给你们买好东西，让你们都过得开开心心，没烦恼，不生病，长命百岁。"

两个弟弟听到哥哥对未来的规划，也加入了以后如何赚钱，如何花钱的讨论中。这个小小的车厢里充满了大大的能量。

在一家人温馨的画面中，叶秋睁开了眼睛，满脸都是对未来的憧憬："冯老师，我现在对未来特别有信心。"

后 记

再次听到叶秋的消息，已经是几个月之后了。

"冯老师，告诉您一个好消息，公司涨了我的分红，我现在更得学会规划金钱，不然不知所措，再次走上败家的路可就不好了。"叶秋兴高采烈地说着，"我要好好学习，与财富同行，与快乐同行。"

听着叶秋的话，我由衷地笑了起来。雨后阳光正好，心情亦是。

第五节　买得到的后悔药

"冯老师，我特别难过，心里好像堵了一团棉花一样，难受……"小荷坐在我斜对面的沙发上，说着说着就已经泪流满面了。我一边给她递纸巾，一边倾听着她的诉说。

"冯老师，如果世界上有后悔药，我会不惜一切代价去争取。如果我不能弥补对妈妈的遗憾，我这辈子都不能安心，可是，我该去哪里找后悔药呢？"

小荷的眼泪像断了线的珠子，止不住地落下来。

巨额存折

一个月前，正在上班的小荷接到弟弟的电话："姐，你快回来吧，咱妈怕是不行了。"小荷来不及多问，赶紧请了假往家赶。

刚踏进家门，就听见妈妈低微的声音响起："小荷回来了。"小荷连忙坐在床边握住妈妈的手。妈妈的脸上，浮起一阵笑意。

妈妈让小荷扶她坐起来，然后把手伸到枕头下面，摸出了两本存折，递给小荷和弟弟每人一本："交给你们，我的心事就了结了。"

小荷和弟弟惊讶地对望了一眼，打开存折，小荷被里面的金额惊呆了，竟然有二十万元之多。

小荷十岁，弟弟八岁那年，爸爸意外去世。为了让两个孩子能生活得好一些，妈妈打着两份工，但收入也仅仅够维持他们母子三人的开销。

小荷和弟弟从小就知道，妈妈为了他们吃了很多苦。姐弟俩暗暗下定决心，一定要努力读书，将来好好报答妈妈。

小荷和弟弟都非常争气，双双考上了名牌大学，毕业后也都有了不错的收入。

他们都觉得，妈妈终于熬出头了。他们逼着妈妈辞了工作，给妈妈买了新房子，每个月都按时把钱打到妈妈的账户上。

每次给妈妈转完账，小荷的内心都有一种满足感。她经常和弟弟说："终于轮到我们来为妈妈撑起一片天了。"

小荷和弟弟都努力工作，他们要让妈妈把前半辈子吃的苦都弥补回来，无忧无虑地安享晚年。

可是，万万没有想到，妈妈把他们给的钱，都如数存了起来。

"冯老师，您知道吗？当时看着那本存折，我心里有多后悔。我恨死自己了，我怎么就没想到给妈妈钱，她也是舍不得花的。"

"我现在晚上都不能闭眼，一闭眼，就梦到妈妈以前打两份工的艰难。冯老师，我太恨我自己了。我对不起妈妈。"

小荷痛苦地闭上眼睛，子欲养而亲不待，是世人最深的遗憾。

不是你的错

小荷的过度自责，表面上看，主要来源于她对妈妈的愧疚，但其实是一种目标没有满足后的挫败感。

小荷从小就在内心树立了一个目标，长大后要回报妈妈。但当她发现，自己给妈妈的钱，妈妈基本都没动，她这么多年的努力全白费了。这让她无法接受。

听了我的解释，小荷沉默不语。

过了很长时间，她才说："冯老师，您说得也有道理。但是，我还是特别后悔，我应该早点想到的。"

"如果你早点想到，你会怎么做呢？"我问小荷。

"我会告诉妈妈，不要节约，我和弟弟赚钱，就是给她花的。"

"那你告诉她不要节约，她是不是就会听你的，不节约了呢？"我看着小荷的眼睛。

"这……"小荷可能从来都没有想过这个问题，听到我的提问，她半天说不出话来。

"其实，你妈妈这样做也是很正常的，很多那个年代的人都有这样的特点。"

人的行为都会带有时代的特征。小荷妈妈那代人的共同特征是：他们省吃俭用，有钱就会存起来，觉得这样才能抵御生活中随时会发生的各种风险，有了钱，各方面才有保障。所以平时他们不会也不敢随意支配自己所得的金钱，更加不会为了提高生活品质而去高消费。他们每多花一分钱，都会产生一种焦躁不安和愧疚难当的感觉。

为什么会有这种感觉呢？一个原因是在他们的童年，物质很匮乏，如果提前享受了，以后就得饿肚子。这种生活模式与观念，都深深地刻在了他们的潜意识里，哪怕现在物质已经很丰盛了，但旧有的模式与观念还没有随着外界环境的转变而转变。

另一个原因是不配得感，因为那代人的童年，很少被无条件满足过，当他们提出要求的时候，他们的父母会觉得他们不懂事，这让他们产生了一种自己不配享受的感觉。

正是这两个原因，使得小荷妈妈把孩子们给的钱都存起来而不去享受生活。

其实，不仅是小荷的妈妈。只要留心观察一下，我们身边这样的人并不少，他们买东西永远挑最便宜的买，剩了好几顿的饭菜，宁愿吃坏肚子也舍不得倒掉。对自己很苛刻，但对孩子却是非常大方，孩子有需要，便会倾尽所有去帮忙。

"所以，这不是你的错。妈妈不肯花钱，是由妈妈所处的时代以及妈妈自己的观念造成的，与你无关。"我郑重地告诉小荷。

"听您这么说，我心里好受多了，可是，"小荷叹了口气，"我心里还是有很多遗憾，妈妈辛苦了一辈子，为我们操劳了一辈子，她一天好日子都没有过啊。"小荷的眼眶又变得湿润。

"你有没有想过，妈妈不肯花钱是因为她的金钱观。但每个人内心深处，都渴望美好的东西，希望过富足的生活。这是人性决定的。妈妈自己不肯花，但如果是你给她花，带她去玩呢？"

小荷有点吃惊地看了我一眼，随即，又垂下了头："您说得对，可是，一切都太晚了。我为什么不早点来找您，为什么不在妈妈还在的时候来找您呢？冯老师，我怎么才能不这么后悔呢？我好难过。"

我顺水推舟："如果我能给你后悔药呢？"

小荷再次惊讶地盯着我："您有后悔药？这怎么可能呢，冯老师，您在逗我吗？"

我告诉小荷，虽然妈妈不在了，但依然可以在精神层面完成她未竟的心愿。

其实所有受到心理困扰的来访者心里也都清楚，"后悔药"与"完成心愿"并不能在物理层面实现，毕竟截至目前，没有人能够使用时光机器回到过去改变现实。我相信,相较于吃下一颗能弥补过去的"后悔药",为未来的人生打一剂塑造强大心理的"预防针"才是真正的关键。过去的遗憾将永存,我要做的是,让来访者拾起对未来的信心,减少因沉溺于过去而带来的新的遗憾。

一家人在一起

隔天,小荷早早地来到咨询室。她迫不及待地想早点开始。

我让她不要着急,先背靠着沙发,调整到最舒服的姿势,然后声音轻柔地说:"我们先闭上眼睛,做个深呼吸,来,深深地吸气、呼气,在一吸一呼间,把所有痛苦、忧愁、烦恼都呼得烟消云散……"

等她的身体完全放松下来后,我让她设想两姐弟带妈妈去玩的情景。

小荷带着妈妈来到全广州最大的商场,要给妈妈买最漂亮的衣服。

看着妈妈穿上那些名牌衣服,脸上洋溢着幸福的笑容。"妈妈真漂亮!"小荷说,然后她让服务员把这些衣服统统打包。

弟弟负责提东西,小荷搀着妈妈逛,看到好看的衣服、首饰,都给妈妈买下来,让妈妈成为全世界最漂亮的妈妈。

小荷和弟弟都请了年假,他们决定,要带妈妈看遍最美的风景。

弟弟开着车,带着妈妈和小荷去旅行。"我们不怕花钱,现在我和弟弟都有足够的钱让您享受生活。"小荷告诉妈妈。

"我看见妈妈很高兴,她不是不喜欢花钱,她很享受我们为她花钱。"小荷的脸上也显出幸福的笑容。

两姐弟带着妈妈自驾一路向西，吃各地的美食，小荷给妈妈拍了好多好多照片。累了，他们就找酒店让妈妈悠闲地待上一天。

"妈妈，您之前告诉我们，听说大理是一个非常美丽的地方，我们带您来亲身感受一下。"

夜晚，小荷和弟弟陪着妈妈，坐在白族居民的小院里。澄澈的夜空，繁星点点。

"这里的夜晚真美啊，在广州很难见到这么美丽的星空。"小荷深深吸了几口气，"连空气的味道都这么好。"

"妈妈，您喜欢我们带您出来玩吗？喜欢的话，我们以后每年都出来玩。"弟弟把头靠在妈妈的肩膀上，就像小时候一样。

妈妈摸摸弟弟的头，又拍拍小荷的手，眼里全是慈爱："在你们小时候，妈妈曾经不止一次地幻想过，等以后有钱了，给你们买最好吃的，带你们到处玩。现在，却是你们来带妈妈玩了，看到你们都这么有出息，妈妈怎么能不高兴呢？"

小荷挽住妈妈的胳膊："您放心，我和弟弟都会拼命工作的，我们要让您过上最好的生活。"

妈妈沉默了一会儿，说："妈妈想要的，不是你们拼命工作，也不是让我过富足的日子。"

"妈妈想要的是什么呢？想一想，或者问一问妈妈。"我提醒小荷。

"我忽然懂了，妈妈陪我们出来玩，一方面是她自己真的很开心，另一方面，她是看着我们玩得这么开心，所以她才开心。我们是在陪妈妈，她又何尝不是在陪我们呢？"

"把你的想法和未来的打算都告诉妈妈吧。"我对着小荷说。

小荷握住妈妈的手："妈妈，我知道您的心意了。我和弟弟努力工作，其实是为了我们自己，我们自己也想过富足的生活。我们会先爱惜自己的身体，让自己身体健康，生活幸福。您不用担心我们，我们都长大了，有能力爱自己，也有能力爱您了。以后，我也不会再整天让自己处在悲伤中了。我不爱自己，就没法爱您。"

温馨的夜晚，一家三口在一起其乐融融地聊着天。

在这样美好的场景中，小荷退出了情景。

她闭目休息了好一会儿，才缓缓睁开眼睛："冯老师，我现在心里感觉特别幸福，一家人在一起的感觉真的很好。"

"那你现在怎么看待妈妈没舍得花钱这件事呢？"

"我刚刚闭着眼睛的时候，觉得自己忽然明白了很多东西。"小荷说，"我之前总是盯着过去，觉得事情没有按照我预想的发展，所以难以接受，但我并没有真正明白，妈妈的心理究竟是怎样的，她想要的是什么。

"就像在我们小时候，妈妈从来不考虑自己，只是想着让我和弟弟吃好穿好，有书读。所以在我们心里，种下了很深的内疚感。而我们后来也是一样，给妈妈很多钱，其实也让妈妈心里不安，让她觉得拖累了我们。其实，我们在关心别人的时候，要明白，爱我们的人是不忍心让我们不停付出的。我们希望妈妈能过好，我们才安心。但如果我们过不好，妈妈也不会安心。

"过去的已经过去，我总沉浸在过去中，就是放弃了未来。刚才，您已经帮我弥补了过去的遗憾，接下来，我该好好经营未来了。"

每一个人的内心，真的是潜力无穷。只要给他们一些启发，他们都会爆发出很大的智慧。

后 记

再次见到小荷，大约是半年之后了。小荷告诉我，她现在也在学心理学。她常常想，如果半年前没有来做心理咨询，她的生活会是怎样的。她大抵还会经常处于后悔和自责之中，这种状态一定会影响到自己的孩子。

而她现在的观念变成了：好好爱自己，就是对妈妈最好的爱，也是对自己孩子最好的爱。

"冯老师，我虽然在您这里买到了'后悔药'，但我还是不希望我的孩子将来再来找您了，'后悔药'这东西，我自己吃一次就够了。"小荷唏嘘地说。

"有了你这样智慧的妈妈，你的孩子肯定不需要'后悔药'了。"我也笑着回应她。

这不是玩笑，而是我真的相信。因为小荷学会了爱自己，她自然也会给予孩子健康的爱。

在爱中长大的孩子，一定会心理健康，一生富足。

第三章

拨开偏见的迷雾

第一节　冰山美人的烦恼

窗外，暴雨如注，从昨夜下到现在，依然强劲不减。

舒颜走进咨询室的时候，头发衣服都湿了一大片，略显狼狈的样子依然挡不住她清丽的容颜。

站在咨询室的中央，身穿一袭白裙的她犹如夏日里含苞待放的白荷，温婉可人的样子，我见犹怜。

她没有像别的来访者那样，先和我打招呼。我向她问好的时候，她也只是略点了下头，便径直坐在了沙发上。

"你希望我为你提供什么帮助呢？"我递过纸巾，微笑地看向她。

她仿佛没有听到我的问话，脸上没有任何表情，精致的五官看起来就像经过巧匠雕琢的艺术品。

职业敏感告诉我，她需要先适应一下咨询室的环境。于是，我把纸巾放在她面前，也坐了下来，耐心地等待她开口。

沉默良久，眼前这位冰山美人皱了一下眉头，开始说话了："冯老师，我的生活过得一塌糊涂。希望您帮我解决这个问题。"

"可以具体说说吗？"

舒颜沉吟着回答道："我工作和人际关系都处理不好。本来这也没什么，我的要求很低，有份收入够维持生活就可以了。但前段时间公司裁员，我也在被裁的名单里。很多比我资历浅的人都留下了，这让我多少有些难受。您也知道，现在大环境本来就不好，再加上我性格的原因，一直找不到合适的工作，现在房租和车贷都是我父母在替我负担，时间长了，他们也总唠叨，说我性格孤僻，会一辈子穷困，还会孤独终老。"

"那你怎么看待父母对你的评价呢？"我温和地看着舒颜问。

再次沉默了一会儿，舒颜的脸色不再像刚进咨询室时那样的冷若冰霜，她的声音里也带着哽咽："他们说得对。我也讨厌自己的性格。我希望您帮我改变。"

心理学认为，除了生物学的因素，性格主要是一个人在逐渐适应环境的过程中发展而成的对自己、对别人以及对事物的态度和言行"风格"。

拥有冰山般的性格特质的人，心中也肯定有一座冰山。那舒颜是在怎样的环境里，形成了她孤僻冷漠的性格呢？我想先让她回溯到童年时期，探索她性格的成因。

孤独的童年

我请她躺好，闭上眼睛，慢慢地重复深呼吸，让大脑放空，让身体也放松下来，就像在享受按摩和香薰一样。随后，舒颜讲出了小时候发生在她身上的事情。

那是一个夏天的夜晚，只有两三岁的舒颜一觉醒来后，本能地喊妈妈。可是，没有任何回应，陪伴她的只有无尽的黑暗。巨大的恐惧迅速将她淹没，她不敢下床去找爸爸妈妈，她害怕有怪兽潜伏在黑暗中伤害她，她只能用哭声表达着自己的无助。

当哭着睡着的小舒颜再醒来时，看到爸爸妈妈在身边，委屈得不行。她很想问爸爸和妈妈：你们为什么在我睡着的时候走掉了？你们为什么抛下我？你们不知道我有多害怕吗？我就想让你们陪着我啊！可她只会用号啕大哭发泄不满和抱怨。

这时，妈妈却一脸轻松地说着："都这么大宝宝了还哭，有什么好哭的呢，快睡觉吧。"

见舒颜还是哭个不停，爸爸不耐烦地说："别哭了，再哭我和你妈妈都不要你了。"

画面转换，四五岁的舒颜正坐在客厅的小桌子前画画，听到卧室里传来爸爸妈妈的吵架声，她顿时吓得把画笔一扔，哭了起来。

爸爸怒气冲冲从卧室出来，看到哭泣的舒颜，冲她吼道："哭什么哭，还嫌不够乱吗，再哭我把你扔出去！"

舒颜吓得止住了哭声，她来到卧室门口，可怜巴巴地把目光投向妈妈，她想着妈妈能过来抱着自己，哄哄自己，可是，妈妈也是满面怒容，坐在床上，眼睛直直地盯着窗外，根本都不看她一眼。

那一刻，小小的舒颜觉得爸爸和妈妈都不喜欢自己，是自己不乖、不好，爸爸妈妈才会吵架。

当一幕幕画面出现，舒颜高冷的神情便不复存在，她仿佛变回了那个委屈的小女孩，眼泪不停地在眼眶里打转。

"想哭就哭出来。"我鼓励她。

听到我的鼓励，舒颜终于由着自己的眼泪滚滚而下，从小声抽泣直到放声大哭。

我静静地陪着她，让她尽情发泄压抑已久的委屈。

过了很久，她才慢慢恢复平静。

"你现在有什么感受吗？"我问她。

"我觉得特别孤独，周围很多很多人，我却依然是很孤独的感觉。"

"其实，小时候这种情况很多，常常在我一觉醒来的时候，家里只剩我一个人，或者，不知道为什么，爸爸妈妈就说不要我了，只是我都忘了。刚刚回想起来，却又像发生在昨天一样。那种孤身一人，没有依靠的感觉，好强烈。"

舒颜说，后来妈妈也有开心要抱她的时候，可是，她却变得排斥。

有一次，家里来了几个客人，客人们都夸舒颜："小姑娘真好看啊。"妈妈满脸得意地过来抱她，可是，她却推开了妈妈。妈妈对客人们说："就是性格孤僻，和我和她爸都不亲，这么小就这样，真不知道长大了可怎么办。"

"性格孤僻"这四个字刻在小舒颜的心里，也成了她对自己的评价。

上学后，舒颜也总是独来独往。同学们都觉得她孤僻，也不喜欢和她玩。

有时，看着同学们三五成群、开心玩闹的场面，她也在心底暗暗羡慕，但是，那种生活对于她来说，又太陌生、太遥远。

从幼年起就埋藏在心底的阴影，会直接影响一个人的思维和行为。因为那些不美好的记忆太深刻，总是会在她心里提醒：如果你跟某个人关系很亲密，并对其产生依赖，当有一天他因为某些原因离开你时，你就像被抛弃一样，只剩下满满的失落和忧伤。

小时候的经历让舒颜感到非常压抑和委屈，即使是在潜意识中，还是难过得喘不过气来，舒颜用尽了全力，一次又一次地进行深呼吸，但依然走不出儿时的痛苦。

正是因为小时候的经历给懵懂的舒颜留下了很深刻的印记，所以她很怕在不确定的时候，自己就又会因为某些原因被抛下了。为了不承担那种惊恐和悲伤，舒颜就养成了与人保持距离的习惯，这样就可以避免因为分开再感受那种孤单和害怕，她把自己关在了与人亲近的大门之外。

"过失伤人"的父母

解铃还须系铃人。我让舒颜想象爸爸妈妈就在她面前，把这份委屈都说给爸爸妈妈听，把她心里的恐惧告诉他们，把她希望得到的陪伴和安全感都说给他们听。

舒颜边流泪边说："爸爸妈妈，每次我睁开眼睛，看到空荡荡的家，我心里都特别害怕，我想你们不要悄悄离开我，可是你们就算回来了，都看不到我的恐惧，还经常因此而笑话我，指责我。我那时候还那么小，难道你们真的看不出我很害怕吗？还是你们根本就不喜欢我？"

"看看爸爸妈妈，他们是什么反应？"我引导舒颜。

爸爸妈妈很吃惊。妈妈说："我从来没有不喜欢你，我从来没想过我们的一些无心之举会给你造成这么大的伤害。我们从来没有悄悄离开，只是经常看你睡得香，想着出去办点事，很快就会回来。"

"可是你们经常说不要我了，每次你们这样说，我都特别害怕，害怕哪天被你们抛弃。"舒颜的脸上写满了委屈。

爸爸说："孩子，你怎么能当真呢，大人们都是用这些话吓唬孩子的，只是想让孩子听话罢了。"

舒颜再次沉默了。

舒颜是一个防御心比较重的人，不过，能把积压多年的委屈说出来，并从父母的角度看到当年的事情，对她来说，已经是一个很大的进步了。

睁开眼睛的舒颜思索了一会儿后说："冯老师，我有点累，需要回去好好消化一下今天的内容，我们下次再说吧。"

说着她便站起来，恢复了刚来时的高冷，冲我略点下头，便跨出了咨询室。

直面内心

再次如约而来的舒颜的脸色与声音都变得和缓了很多。

"冯老师，我这两天想了很多，也释怀了很多。其实，我心里也并不怪我爸和我妈，我知道，很多父母都是这样对待自己孩子的，也是我本身性格敏感，才导致我不会处理人际关系。只是，我现在越来越意识到，我的性格给我的发展造成了很大的阻碍，我在工作中从未尝试过任何有挑战性的事情，而总是挑一些远低于自己能力的事情去做，所以一直没有什么发展，才被裁掉了。"

舒颜叹口气说："朋友可以没有，工作总得有吧。"

其实，舒颜并没有完全打开与父母的心结，我们还是需要继续探究她性格的成因。

在我的引导下，舒颜又说起了上小学时发生的让她记忆深刻的事。

那时的舒颜已经会隐藏自己的情绪了，能通过大人的脸色判断他心情的好坏，从而决定自己该与他保持什么样的距离。比如每天放学回到家里，她会特别想把这一天在学校发生的事情讲给妈妈听，老师都讲了哪些内容，留了哪些作业，和小伙伴玩了什么游戏，有没有闹别扭，包括自己的感觉、体验和新的发现等。

可是，所有想要说的话、表达的情绪，都要看妈妈的脸色。如果妈妈心情不错，她就会叽叽喳喳像小鸟一样说个不停，把心里话一股脑地倾倒给妈妈听。但若是妈妈毫无表情或者像没听到一样，小舒颜就知道，妈妈可能心情不好，就会闭嘴，然后躲得远远的，偷偷地观望。只是在心里，舒颜总在琢磨怎样才能让妈妈每天都开开心心的。

一天，小舒颜终于得到了一个能让妈妈高兴的机会。

那时，家里条件不好，妈妈下班后就会找一些零工来贴补家用。那次是拿回来整整两个编织袋的珠子，据说是用来穿手串的。那些珠子大小不一，颜色也五花八门，妈妈要做的就是把这些珠子按照大中小三种规格进行挑选分类，为此还专门用纸壳做了三个筛子用来筛选。

"我看妈妈那么辛苦，白天要上班，晚上回家还要做这些，我好心疼她，她的眼睛因为做这些注意力要很集中的挑拣工作，就有些用眼过度，眼睛经常肿痛、流眼泪。我就想我能帮妈妈干一点，她就不用那么累、那么辛苦了。"舒颜说出心里的想法。

那天放学比较早，家里只有舒颜一个人，写完作业以后，她就动手分拣珠子。她几乎每天晚上都在看妈妈做，也没觉得有啥难的，认为自己也能做好，就按照妈妈做这事的步骤开始筛选，一会儿筛一把，一会儿又筛一把，干得不亦乐乎。她以为多帮妈妈干一点，妈妈就能少干点，妈妈就会高兴的。

可是妈妈下班回到家后，看到舒颜搞得满地都是珠子，却还在乐此不疲地筛着，还一副求表扬的模样，气就不打一处来，怒吼她："你看看你都干了些什么？这屋里都没法站人了！成事不足败事有余，你把我弄好的全都搞乱套了，我那些都白干了！"

舒颜吓得不轻，也很不理解，她是好心想要帮助妈妈干活，她是心疼妈妈每天这么辛苦，怎么就成了"成事不足，败事有余"了呢？她这么爱妈妈，想为她排忧解难，怎么就做错了呢？怎么就添乱了呢？

妈妈的责备和怒吼又给舒颜留下了心理阴影：她不配帮妈妈干活，连挑选珠子这么简单的事情都做不好，除了会分大小，其他啥都不懂，啥都不会，什么都干不好，只会给人添乱、找麻烦，都不懂体恤父母的不容易。

舒颜又开始流泪了。她说："我感觉自己很笨、很可怜、很幼稚，什么都干不好。明明是想帮助妈妈，减轻她的劳作和辛苦，让她可以多赚一点钱，可最后却弄得一团糟，不但没帮上忙，反而是帮倒忙，让妈妈又返工重新做了一遍。"

说到这里，舒颜再次沉默了。过了一会儿，她神情淡漠地说道："我忽然明白了。我为什么不愿与人交往，为什么在工作中不敢挑战自己。冯老师，虽然我一直在用理智说服我自己，但是，内心的声音，骗得了别人，骗不了自己。我恨他们，我恨爸爸和妈妈，他们从来没有真正爱过我，才会那么忽略我的感受。从前，我把我的人生不顺归为自己的原因，但现在，我内心真的很恨他们。正是因为他们给我的伤害，生活中，我不敢交朋友；工作中，我不敢发表自己的想法。我一直在骗自己，这样的生活也很好。此刻，我真切地听到了我内心的声音，这不是我要的，我也想像别人那样，有好朋友，也能交上男朋友，我也想升职加薪，实现自己的价值。"

停顿了片刻，舒颜突然问我："冯老师，您会不会觉得我很坏、很虚伪，上次明明说自己不怪父母，却又出尔反尔。"

我坚定地告诉她："我很高兴，你能直面内心真实的感受，勇敢面对自己，你会摆脱掉过去，过上你想要的生活。而且，你还很有智慧，你看到了现在的状态与小时候经历的关系，看到，就是疗愈的开始。"

听我这么说，舒颜如释重负般点点头，脸色也变得轻松起来。

接下来要做的，就是让舒颜重新回到那个筛珠子的情景，把内心最真实的感受勇敢地表达出来。

舒颜郑重地点了点头。

迟来的道歉

时光回到那个黄昏，余晖透过窗户洒了一地。小小的舒颜坐在小板凳上，认真地筛选着珠子。

这时，门开了。妈妈走了进来，舒颜抬起头，等着妈妈表扬自己。妈妈可能会说："舒颜真能干，做得真好。"也可能是："宝贝真棒啊，都会赚钱了。"可是，现实却是，妈妈看着一地的珠子大发雷霆。

舒颜的脸上显出委屈的表情。

我鼓励舒颜表达内心真实的感受。

"我只是想帮你干活，你冲我吼，我很伤心，很难过，我觉得你不爱我，你从来就没有真的爱过我。我表现好了，你才给我好脸色，不如你的意了，你就拿我撒气。你的爱是有条件的。这不是真的爱。"

妈妈很吃惊，但也开始反驳："我每天累死累活地干活，不是为了养活你吗？你怎么能说这样的话呢？"

"如果你真的爱我，怎么会每天让我看着你的脸色行事？我每天过得谨小慎微，讨好你，讨好爸爸，以至于我连朋友都不敢交，别人脸色有点不好，我就觉得是我的错，你知道同学们背地里都叫我什么吗？说我是冷血动物,假清高。如果不是你们在家里伤害我,我怎么会在外面也过得那么难。"

妈妈愣住了,她吃惊地看着舒颜,随即,也开始流泪:"同学们居然那么欺负你吗?你怎么不告诉妈妈呢?"

舒颜流着泪冲妈妈发泄道:"难道你不知道吗?在外面受欺负的孩子,都是因为在家里先受了欺负。有爸爸妈妈爱的孩子,是不会受欺负的!"

妈妈沉默了,显然,舒颜的话这次是真的触动了她。

过了很久,妈妈才说道:"是妈妈错了。妈妈只想着自己辛苦,忽略了你的感受。"

听到妈妈的道歉,舒颜再也说不出狠话了,虽然这份道歉迟到了二十年,但舒颜的心还是瞬间变得柔软了。

三毛曾说:"当我们面对一个害怕的人,一桩恐惧的事,一份使人不安的心境时,唯一克服这种感觉的态度,便是面对它。"所以,不论任何人,能勇敢地和让自己害怕的人、恐惧的事、不安的心境对话,讲出自己的感受和需求,是让自己走出心理阴影的最佳途径。

妈妈看着舒颜说:"我们重新来过好吗?你还愿意帮妈妈分拣珠子吗?"舒颜点点头。妈妈拉着舒颜的手坐下,教给她分拣珠子的正确方法,并告诉她:"你的生日快到了,等把这些珠子卖出去,妈妈就给你买你一直喜欢的那件连衣裙。剩下的钱,都给你当零花钱。"

听到妈妈这样说,舒颜体会到了妈妈的信任和鼓励,她心里的冰山也缓缓地融化了,有阳光照射进来,四周都暖洋洋的。

后 记

再次见到舒颜是半年后,来到咨询室的她依然美得宛如仙子下凡,但不同的是,这次再也不能用冰冷来形容她了,她的脸上挂着甜甜的微笑,眼睛也变得灵动而又清澈。

"冯老师,从昨晚我就兴奋得有些睡不着,特别想赶快来和您分享我的生活。"

看着她高兴又急切的样子,我也由衷开心,请她坐下慢慢说。

离开咨询室之后,舒颜决定把来找我咨询的事情都告诉爸爸妈妈,当她把在咨询室发生的事情都告诉爸爸妈妈以后,爸爸妈妈都哭了,和她说了很多声对不起。他们还说,眼看她都快三十岁了,依然一个人独来独往,他们也曾想过看心理医生,他们还猜测是不是家庭教育有些不对的地方才让她的性格这样孤僻。

他们后来说,无论当年自己有多难,都不该忽略自己的孩子。还和舒颜说,到她恋爱、结婚、生孩子的时候,他们一定要开始学儿童心理学,给外孙健康的爱。

说到这里,舒颜停顿了一下,然后有些不好意思地看着我说:"冯老师,我现在找到新工作了,单位有两个同事在追求我。"

"你这么漂亮的女孩子,肯定会有很多人追求你。"

"嗯,我以前看到别的女孩有男朋友,也很羡慕,周围的人都说我漂亮,为什么感情却不顺利呢?现在想想,以前也有人向我示好,只是我太冷漠了,可能把人都吓跑了吧。"舒颜有点自嘲地笑了笑。

此刻的舒颜,整个人明媚无比,灿若春花,姣如秋月,和第一次走进咨询室的那个冰山美人比,已经判若两人。

　　曾经,她把孤僻认同为自己不可改变的性格,她的生活里便全是烦恼。而如今,与父母和解,她从内心相信自己也可以享受美好的亲密关系,她的生活自然会别有一番天地。

第二节　抠门的高管

少有的安静午后，我在整理资料时门被轻轻敲响了。随着我的"请进"，一位端庄的女性走了进来，她优雅的仪态掩饰了略显拘谨的神态，但还是能看出她的状态不是很好，从她的肢体语言里，透出一丝疲惫和不安。

她叫张丽，是一家企业的高管，眼角浅浅的皱纹反而为她的知性美更添彩几分。她说话稍稍有点急，有点乱，显得不自信和焦虑，与她的外部形象形成了反差。她说："冯老师，不怕您笑话，我现在真的是四面楚歌了。"说这话的时候她显得很焦急，有点坐立不安的感觉。顿了顿，她语速极快地说："冯老师，我的家庭现在遇到了经济问题，所以我的各项开支都要缩减，因为这样，身边的人都觉得我抠门，给不了他们曾经的待遇，他们都对我很有意见，现在我是家里家外一团糟。您能不能告诉我，我该怎么办呢？"

从云端到谷底

半年前，张丽的生活还是风光无限。她有一个幸福的家庭，还有一份让人羡慕的工作。张丽和她的丈夫分别是两家中型企业的高管，他们的独生女也在一家不错的单位任职。

张丽为人豪爽，对下属和亲戚朋友都特别大方。她经常请下属们吃饭，因此，下属们都很爱戴她。对亲戚朋友，张丽也是毫不吝啬，孩子上学、老人生病，还有逢年过节，张丽都会发大红包。

大家感谢张丽，张丽也沉浸在被人捧着的自我满足中。

然而这一切在半年前彻底发生了改变。张丽的丈夫在公司的人事斗争中遭到排挤，失业了。家里的收入一下子缩减了一半，偏偏祸不单行，女儿因为失恋，整天郁郁寡欢，张丽不得已帮女儿请了长假，估计工作也保不住了。

家里两个人同时没了收入，张丽的心情变得很低落。她也没有能力再顾及周边的人了。

上周开会，一个下属反对了张丽的意见，张丽认为，这一定是因为自己很长时间没请下属们吃饭而导致他们心生不满，才不再像以前那样支持她。

马上要过年了，张丽没有像往年那样在家族群里给大家发买年货的红包，家族群里很长时间都静悄悄的，张丽猜测，他们一定是在用沉默表达对自己的不满。

"冯老师，我承认，我现在是有点抠门，可是，我真的是没办法，在别人眼里我收入挺高的，但家家有本难念的经。这些年，我家和我老公家里的亲戚，除了过节要给红包，平时有点什么事都是我们出钱，我父母和婆婆身体都不好，常年各种保健理疗，再加上各种应酬和家里的开支，其实我们本来就没什么存款。今年我老公和女儿两个人同时失业，一下子真的应付不过来。

"前段时间，我想给女儿报个瑜伽班，让她锻炼下身体，顺便也散散心，整天窝在家里，真怕窝出个毛病来。可女儿却不肯，说家里经济现在这么困难了，不想再让我花钱。孩子这么懂事，我这个当妈的却什么都做不了。人没有钱，过得太没尊严了。"张丽说着，抹起了眼泪。

当家庭收入减少时，缩减开支是很正常的行为。但在张丽的内心，有这样一个观念——没钱等于没尊严。这个观念让张丽产生了从云端跌入谷底的感受，也造成了她现在的心理困惑。

情绪ABC理论认为，A是客观事实，B是对客观事实的解释，正是不同的解释导致了人与人之间不同的情绪C。

下属提出反对意见，也可能是他确实认为张丽的方案不妥，作为下属，他是有义务提出异议的，但张丽将此解读为对自己的不满。家族群里的安静，也有可能是大家都忙着张罗过年的事情，没时间聊天，而张丽把这些也解读为对自己的不满。

下属提出了不同意见，家族群里没回应，这是客观事实，而导致这个事实的原因，可能是多方面的，为什么张丽猜测的，全是别人对自己的不满呢？

没钱等于没尊严，这个观念，是从何而来的呢？

张丽听了我的解释，惊讶地看着我说："还有别的原因吗？人都是捧高踩低的。当你有钱，别人自然高看你一眼，当你没钱了，对他们抠门了，他们不就对你不满意了吗？"

"在你的过往经历中，有过类似的体验吗？"我问张丽。

张丽沉默了一会儿，陷入了回忆中。

婆媳

张丽当年和丈夫恋爱的时候，遭到了婆婆的强烈反对。丈夫家做生意，家境殷实，而张丽家境贫寒，这让她非常自卑，一度想放弃这段感情。好在丈夫对张丽感情深厚，一再坚持，他们才得以结婚。

婚后，婆婆对张丽各种挑剔，嫌弃她早早给孩子断奶，不会带孩子，甚至在女儿面前说她不是个好妈妈，以至于女儿有很长一段时间都对张丽很排斥。这些，张丽都敢怒不敢言，为了躲避婆婆，张丽经常主动要求加班。

在工作上的投入给张丽带来了回报，那几年，张丽连连升职加薪，从一个小职员一路走到高管。

随着收入的水涨船高，张丽发现，身边人对自己的态度也悄悄起了变化。婆婆不再对她挑剔，亲戚们都开始巴结她，就连父母也摆出了一副想要讨好她的样子。

这些让张丽产生了一种难以名状的满足感，她很享受这种感觉，她也愿意尽自己所能帮助身边人改善生活。

"现在家里没钱了，我又该回到被人嫌弃的生活里去了。"张丽说。

"是你认为别人会嫌弃你，还是别人真的会这么做呢？"我请张丽思考这个问题。

"当然是真的，您不知道，当年我婆婆有多嫌弃我，她……"张丽有点说不下去了，她的眼里闪出泪光。

我建议张丽回到让她印象深刻的与婆婆相处的情景，并说出自己的想法，解开当年的心结。

时光回到二十三年前。张丽休完产假，她给孩子买了奶粉，准备给孩子断奶，然后回归职场。婆婆看到奶粉，勃然大怒，质问张丽为什么给孩子断奶。

张丽身边很多同事都是这样做的，她觉得婆婆就是嫌她花钱，如果她很有钱，婆婆肯定就不会怪她买奶粉了。

"把你的想法告诉婆婆。"我鼓励张丽。

"妈，我每天晚上起来给孩子喂奶，休息不好。我马上要上班了，所以想给孩子喝奶粉。"张丽低声解释道。

婆婆也解释道："奶粉怎么能比得上母乳呢？当妈后，要以孩子为重。"

"您是不是嫌我花钱才不让买奶粉的？"张丽终于鼓起勇气，说出了埋藏在心底二十多年的疑问。

听到张丽的话，婆婆愣了一下，随即说道："你怎么会这么想呢？你是有文化的人，难道不知道什么对孩子更好吗？"

张丽沉默了，顺着她们的话题，她的眼前又出现了女儿四五岁时的画面。

一天晚上，张丽哄女儿入睡，女儿忽然说："奶奶说你不是个好妈妈，整天就知道往外跑。"

张丽的心瞬间被揪住了，哪个职场人不出去应酬呢？而且自己还年轻，平时出去逛逛街，买几件衣服，这有错吗？婆婆就是嫌自己赚得少还花钱。

哄睡了女儿，张丽走出卧室，正好迎面碰到婆婆。

"妈，您是不是在孩子面前说我坏话了？您怎么能在孩子面前说这些话呢？"张丽有些激动。

婆婆沉默了一会儿，说道："我念叨你的时候确实不应该让孩子听到，这一点是我的问题。但是，你不觉得你做得也很过分吗？"

张丽委屈地说："您就是看不起我，您一直都嫌我穷，配不上您儿子。"

婆婆叹了口气："一开始我确实觉得你家境不好，不同意你们的婚事，但自从你们结婚后，我已经认可了你是我儿媳妇。你工作很努力，我都看在眼里，我绝对没有嫌弃你家穷，只是你的生活方式我真的不认可，你自己想一想，你从周一到周五，晚上九点之前回来过吗？周六周日，你在家带过几天孩子？"

"那还不是被您逼的。"张丽的眼泪开始吧嗒吧嗒往下掉，"您总是看不起我，我在家里感到很压抑，您以为大晚上的，我一个人坐在办公室里很舒服吗？您以为大冬天，我故意在外面磨蹭不进门不冷吗？可是，我一回来，您就看我不顺眼，我只能躲出去。"

婆婆惊讶地张大了嘴巴，她没想到，张丽居然是为了躲自己才总是不着家。婆婆重重地叹了口气："孩子，妈真的没有看不起你，你误会我了。我没念过多少书，不会说话，可是，嫌弃你穷，看不起你，这都是绝对没有的事。我只是希望你多陪陪孩子，我怕孩子将来和你不亲啊。"

对话进行到这里，张丽沉默了。

两代人的观念不同，从来都是一个不可避免的存在。怎么解读对方的不满，才是关键。

当张丽心底认为婆婆看不起自己，就把婆婆的不满解释为嫌自己花钱，如果张丽看到了这只是教育理念的差异，对事不对人，心里的结就会打开。

当张丽睁开眼睛后,我再次和她复盘了这次和"婆婆"的对话。

张丽说,其实她内心还是很佩服婆婆的,婆婆当年帮助公公做生意,同时还把家庭照顾得很好,她是真正能做到事业家庭兼顾的女人。这些年来,自己开始是躲着不回家,但后来职位越来越高,也真的越来越忙了,家里都是婆婆在替自己打理,她内心是感激婆婆的。

现在,她明白了婆婆只是和自己观念不同,心里就觉得轻松了很多。

假想敌

再次来到咨询室的张丽告诉我,她回去后,特意和婆婆聊了当年的事情,说自己当年因为自卑,总是曲解婆婆的意思,婆婆却不和她计较,一如既往地帮她带孩子、做家务。现在家里发生了这样的事情,婆婆还把自己的养老钱取出来给自己,自己觉得特别对不起婆婆。

婆婆说,一家人之间哪有不磕碰的,现在儿子和孙女遇到困难,张丽也是不离不弃靠一己之力维持着这个家,一家人只要心往一处想,劲往一处使,就会渡过难关。

张丽感慨地说:"冯老师,和婆婆谈完话,我心里特别感动,这么多年来都是心魔在作祟啊,人的观念一旦改变,很多事情就迎刃而解了。"

张丽停顿了一下,又说道:"婆婆虽然没有因为我穷而看不起我,但人捧高踩低也是一个事实,我现在没钱了,周围人对我的态度确实不一样了。"

身边人会不会因为张丽不再大方而对她心生不满呢?不排除一部分人会这样。但当她发现所有人都会因此表达不满,那应该是张丽内心投射的结果。

我说道，我们小时候都听过这样的一个故事：一个人怀疑邻居偷了他的斧子，他怎么看都觉得邻居的行为怪怪的，像个贼一样。但后来他的斧子找到了，再看邻居的时候，他便感觉邻居的行为正常了。

曾经有个来访者也和我说起过一件类似的事情。有一天，他忽然被领导莫名其妙地叫到办公室批评了一顿，他一直不明白领导为什么批评他，后来他怀疑是一个同事在领导面前说了他的坏话，才导致领导对他心生不满。他开始注意那个同事，怎么看都觉得他在自己面前不自然，更坚信了就是这个同事在诬陷他。他和这个同事的关系越来越微妙，有一次，他们因故大吵了一架后，这个同事辞职了。直到若干年以后，他才偶然得知当年领导批评自己的真相，和这个同事一点关系都没有。

当时这个来访者不解地问："既然不是他告的状，为什么他自从那件事情之后就处处针对我呢？"这是因为当他相信是同事诬陷他的时候，他在言谈举止中就会无意地把自己对同事的怀疑表现出来，这些不友好的信号被同事捕捉到，也会觉得自己被针对，两个人互相猜疑，关系自然就越来越糟糕。

心理学上有句话说，外在世界是内在世界的投射。怀疑邻居偷斧头的人，怀疑同事诬陷自己的来访者，都是因为先在内心有了一个假设，看外在世界的时候，就像戴上了有色眼镜，看到的全是自己的假设。

张丽也是如此，因为内心有一个"我抠门，大家都会对我不满"这样的假设，所以她捕捉到的全是别人的不满。

张丽想起了上周在公司会议室，她正在详细地向大家阐述自己的方案。她对这个方案是很有信心的，但讲解过程中，她看到小李皱了很多次眉头，显然对自己的方案不满意。讲完后，按照惯例，张丽给大家留了提问和讨论的时间。果然，小李列举了很多方案实施过程中存在的障碍来反对张丽的方案。

张丽说，当时她心中冒出一个想法："我好久都没有请他们吃饭了，这是对我有意见了吧。"

为了让张丽打破自己的假设，我提议她直接和那位对她提出反对意见的同事进行沟通。

张丽走出咨询室，到了我们办公楼的休息区，她直接拨通电话，向小李说出了心中的困惑。对于张丽的困惑，小李特别惊讶："张姐，您误会了，您之前总请我们吃饭，我们都很感激您，但也是大家做出成绩才好意思让您请客的呀。现在我们遇到瓶颈了，很长时间没有突破，您如果请吃饭我们肯定是吃不踏实的。我知道，您为这个方案耗费了很多精力与心血，但您仔细想想我提出的问题，它们是不是真的存在呢？"

张丽沉默了一会儿，说："你说的这些确实是需要认真考虑的，不然也会对公司造成损失。这段时间我压力大，有点急功近利了。"

小李反过来安慰张丽："张姐，您一直对我们照顾有加，所以我才敢提反对意见呀，如果不是因为真想把项目做好，我也不会当着这么多人面说，反正出了问题也不是我的责任。"

"小李，谢谢你，我会重新审视这个方案。"小李说的是实情，张丽觉得是自己的心魔在作祟，才会曲解小李的好意。挂断电话后，张丽闭着眼睛放松了一会儿。

理顺思绪后，张丽回到咨询室坐下："冯老师，上次与婆婆开诚布公地聊完后，我以为我已经顿悟了，其实还没有，今天和小李聊完，我才更深刻地体会到了您说的'内心世界投射到外在世界'。我还需要好好地在生活中仔细揣摩，才不会总是因为内心的假想敌，而破坏了人际关系，给自己的生活造成更大的麻烦。"

我告诉张丽："你已经做得很好了，成长本来就是需要过程的，一个人从知道一个理论到真正内化成为自己的一部分，要在现实中慢慢去感受。只要抱着这份心，在遇到问题的时候能感知到，就是良好的开端。"

张丽若有所思地点点头："冯老师，您说的这个，是不是就是王阳明说的那个'人须在事上磨炼，做功夫，乃有益'？在生活中去实践，才能慢慢达到知行合一的状态。"

我微笑着冲她点头。有了这套"事上练"的方法论，我相信张丽有能力处理好一切人际关系。

后 记

一周后，张丽再次来到咨询室的时候，笑靥如花，已经看不到一丝焦虑的样子了。

张丽说，她上次咨询完回去的路上，一直在想，怎么把自己在咨询室领悟到的东西讲给丈夫和女儿听，帮助他们走出失业与失恋的痛苦。意外的是，当她在费尽心思打腹稿的时候，丈夫却过来劝她了。

丈夫先是向张丽表达了歉意，由于自己的问题让张丽这半年来担惊受怕，其实自己一直在规划未来，只是想等确定了再告诉张丽。现在他已经决定了去一个朋友开的公司做管理，这位朋友很早之前就很欣赏他的能力，只是他之前不想通过关系谋得职位，现在他明白了，只要自己能为对方创造价值，朋友的公司为什么就不能去呢？

丈夫还告诉张丽，今天堂弟打电话找他寒暄时说："你和嫂子一直都在为家族付出，却从来没有依赖过家族的资源。你也真见外，失业半年了还一声不吭，消息传到我这估计都经过六七手了，你就是太要强抹不开面子，有什么老弟能帮你的，你开口就是了。"张丽有点不好意思地说："我还以为他们都嫌我现在抠门不想理我呢。"丈夫听了张丽的话哈哈大笑起来："如果说你抠门，那世界上就没有大方的人了。"

第二天，女儿也来找张丽谈心，说看到妈妈这段时间一直郁郁寡欢，想劝妈妈，又不知道怎么劝。张丽听了很意外，她原本以为女儿受到了伤害，没想到女儿还在操心自己。张丽关心女儿的情绪，女儿也反过来劝她说："不就是失个恋吗？一生那么长，没失恋过，还叫完整的人生吗？我早就想开了。"张丽被女儿逗笑了，告诉女儿等爸爸上班后就给她报瑜伽课，再带她出去玩。女儿搂住张丽的胳膊说："妈妈，您别总觉得现在经济上亏待我了，那些真的不重要，咱们一家人在一起开开心心的就是人生最大的财富。"

"我又想到了您说的那句'外在世界是内在世界的投射'。"张丽看着我笑道，"我的思维改变了，好像整个世界都不一样了。冯老师，我觉得自己很富有。我之前虽然在经济上大方，但是在情感上抠门，现在，我在经济上抠门了，但我有了富足的精神，我可以把这份富足的精神送给别人，您说对吗？"

"嗯，所以，你始终是一个大方的人。"我含笑颔首道。

我把张丽送到门口，目送她离开，看着她坚定的步伐，散发出一种不可动摇的自信。我知道，这位在职场上叱咤风云的高管，在生活中，也将会带给别人源源不断的力量。

第三节　冰释"钱"嫌

陈诺是一家培训机构的明星老师，第一眼看上去，她气质高雅，举止端庄。但当感受到我的目光时，她眼神开始躲闪，随即微微低了下头，但很快，她像下定了决心一样，又抬起头，说："冯老师，给您添麻烦了。"

"能帮助你，我很高兴。"待她坐下后，我发现，她的左脸颊有轻微的肿胀。

"是牙不舒服吗？需不需要去看医生？"我试探地询问。

她把手放在肿胀的地方，苦笑了一声："冯老师，不好意思，被您看出来了，但不是因为牙疼，而是被我老公打的。"

我愣了一下，家暴这种事虽然在新闻上不罕见，但在我的来访者中的确是鲜有的。"我不清楚你们的事态有多严重，只能在心理层面帮助你，必要的话你还是要求助警方。"

"冯老师，其实也没有严重到那个程度，我都不知道该怎么说，我觉得特别丢脸。"

"没关系的，相信我。"

陈诺又陷入沉默，她在努力调整自己的情绪。

"冯老师，您说我该怎么办？我和我老公，因为对待金钱的看法不同总吵架。我觉得钱这种东西够用就好了，而他总是各种折腾，就想赚大钱。他说服不了我，我也不认同他的观点。就在前天晚上，我们又因为钱的事情吵架时，他竟然打了我一巴掌。"说到这里，陈诺委屈地流下眼泪。

冰冻的感情

"曾经，他对我特别好。"回忆起过往，陈诺的眼神都变得明亮起来。

那年，陈诺十八岁，一个人拉着沉重的行李箱去大学报到。陈诺的父母认为，一个十八岁的成年人完全可以自己独立完成入学的事情。看着别的同学都有父母陪伴，这让陈诺的内心很是伤感。

就在她黯然神伤的时候，一只手伸过来，接过了她的行李箱。陈诺抬起头，看到了一张阳光般的笑脸。瞬间，她的心里仿佛是一枚小石子投进了一汪清泉，荡起阵阵涟漪。

随后，对方向陈诺做了自我介绍，他叫张阳，是来迎接新生入校的志愿者。

接下来的故事美好得仿佛童话一般。陈诺曾坚信，人如其名的张阳就是照进自己生命里的一束光，因为有了张阳，她的生活变得阳光明媚。

然而，童话故事往往都在"王子与公主幸福地生活在一起"后，便戛然而止。

婚后，张阳提出要自己创业，但陈诺持反对意见，她希望两个人安安稳稳赚份工资，过平平淡淡的生活。可是张阳完全不顾她的反对，在他的据理力争之下，陈诺妥协了。

后来，张阳创业成功，家里换了大房子。但陈诺却一点都不开心，每次听到有钱人的负面新闻，她都会想到张阳会不会也这样。

她也对张阳表达过自己的想法，但每次，张阳都觉得她是杞人忧天。张阳说，人生在世，就该努力奋斗，努力赚钱，赚到更多的钱，人才能过得幸福。

对张阳的这番说辞，陈诺无法认同。她很怀念张阳没有创业的那些日子，虽然没有豪华的大房子，没有名牌衣服与包包，但有张阳的体贴和陪伴，她的心里是踏实的。而现在，看着张阳一说起赚钱就眉飞色舞的样子，她觉得张阳离她越来越远了。

那个曾经温暖了她整个大学生活的阳光男孩，再也回不来了，他们的感情也在一点点冷却。

后来，张阳的公司受到"黑天鹅事件"的重创，再后来，连员工的工资都发不出来。张阳急得如坐针毡，而陈诺却暗暗欢喜，她觉得，这是一个劝张阳重新找份安稳工作的好机会，也是挽救他们感情的一个契机。

然而，张阳不但不听陈诺的劝说，反而埋怨她不理解自己，不支持自己。

有一次，张阳在吃饭的时候，说起他的一个合作伙伴不但成功渡过危机，还把公司发展壮大的事情，陈诺听了嗤之以鼻："钱是有了，但人也变坏了，听说他不仅出轨，还变得六亲不认。"

张阳也生气了："你怎么变得如此不可理喻，别人赚到点钱你就觉得别人是坏人，你就盼着我当个穷光蛋才开心吗？"

那天，张阳饭没吃完就摔门而去。

此后，他们之间不能说钱，一旦触及与钱有关的话题，就变得剑拔弩张。但陈诺从来没想过，张阳居然还会对自己动手。

陈诺的心像掉进了冰窟。

"冯老师，我现在终于相信一句话了，生活习惯是可以磨合的，但根深蒂固的三观才是婚姻最大的杀手。我就想问您一句话，我们的婚姻还有救吗？"

相比于他们的婚姻问题，我更关注的是，为什么陈诺会有"人有钱就会变坏"的观念，找到这个答案，才是解开她心结的重点。

我把我的想法告诉陈诺，陈诺有些惊讶："这……冯老师，我从来没想过这个问题，您这么一说，我也觉得这好像是个问题。我忽然想起来一件事，上学的时候，我身边很多女生都想找一个有钱的男朋友，我当时说有钱人都很坏，大家都不理解我的想法，还有个女生说我是假清高。难道真的是我的观念有问题吗？"

陈诺沉默了一会儿，又摇头道："可是，这也是事实啊，很多有钱人确实为富不仁。"

有钱就变坏

在陈诺很小的时候，她父母就开始做生意了，他们经常需要到外地去进货，一走就是两三天。这个时候，陈诺就会被送到外婆家，陈诺不愿意去，爸爸妈妈就会给她一些零花钱哄她。

有一次，爸爸妈妈又进货去了，陈诺再次被送到外婆家。但这一次，他们却没有给陈诺零花钱。

外婆做饭的时候，陈诺一个人在屋里玩，她拉开抽屉，发现里面放了一沓零钱，想起爸爸妈妈没有给自己零花钱，陈诺便抽了两张，装进了自己的口袋。

后来，这事不知怎么被妈妈知道了，妈妈很生气，狠狠地打陈诺，边打边说："不打你，你就不知道错；不打你，你长大还会偷。你偷得越多，错得也越多，人就会变得越坏。"

妈妈打过她后，又耐心地给她讲道理："妈妈都是为了你好，妈妈希望你将来能做一个踏踏实实的人，安安稳稳地赚钱。人一旦通过不劳而获有了钱，就很难再脚踏实地了。"

然后，妈妈轻轻地叹了口气："爸爸妈妈做生意这么多年，知道这条路不好走，我们就希望你将来能找份工作，小富即安。不要羡慕那些赚大钱的人，赚得多，风险也高。"

看着妈妈一脸憔悴的样子，陈诺心疼地上前抱住妈妈："妈妈，我知道错了。"

小小的陈诺，从小就饱受了爸爸妈妈忙于生意而无暇照顾她的遗憾。她从内心深处更加认可，人赚点小钱，安安稳稳，一家人在一起才是最好的生活状态。

我问陈诺："除了小时候偷拿外婆的钱，还有别的事情让你认为有钱人就会变坏吗？"陈诺皱起了眉头，又陷入回忆中。

陈诺读小学时，他们家隔壁住着刘奶奶一家。刘奶奶的儿子早些年做生意赚了大钱，他们家是村里最有钱的人家。他们回村建起了小洋房，还开着小汽车，还有一箱箱搬进家里的热带水果，都是陈诺见都没见过的。

之前，陈诺很羡慕他们家的生活，但后来发生的一件事，让陈诺对他们家的印象降到了冰点。

有一天，陈诺在村子里玩，听到一阵阵哭泣声。好奇心的驱使下，她走到了刘奶奶家门口。

透过那扇阔气的大门，陈诺看到张大妈痛哭流涕地恳求刘奶奶不要辞退自己。可是，刘奶奶却一脸不耐烦地催她赶紧离开。

"您也知道，我们全家就靠我这点帮佣的报酬过活，能不能让我再干几个月？"张大妈的声音都是颤抖的。

"我雇人是帮忙干活的，你不看看你的身体多差了？赶紧走吧，再不走，这个月的工钱也别想要了。"

看着张大妈那瘦弱的身影从自己身边走过，陈诺的内心充满了同情。五十多岁的张大妈看起来像七十岁的老人，头发已经全白了，破旧的衣服裹在身上，沉重的脚步向前挪着，一步一步，都踩在了陈诺的心上。

对张大妈深深的同情催生的是对刘奶奶的憎恨。陈诺觉得刘奶奶心肠太坏了，为什么就一点恻隐之心都没有呢？

村里人都知道，张大妈和刘奶奶家是亲戚，即使张大妈不来她家做保姆，他们帮困难的亲戚一把，不也是应该的吗？可是，就因为张大妈身体不再硬朗，连雇用她都不肯了。

有钱人除了坏，他们的生活也并不如意。

刘奶奶的儿媳妇刘婶婶，不知从什么时候起患上了一种腰疾，不能坐下，只能站着或者躺着，去很多大医院看过，但一直都治不好。患病以后，刘婶婶就很少出门，基本上都是躺在床上，很瘦，像个木乃伊似的。他们家有那么多的钱，却不能让刘婶婶有一个健康的身体。

而刘叔叔在妻子生病后，转头就跟别的女人好上了。

他们家有那么多钱又有什么用呢？没有健康，没有亲情，有的只是左邻右舍的鄙夷。

听着陈诺的诉说，我了解到，她是看到了太多负面的东西，陷在了金钱的误区中，产生了"一叶障目"的心理，所以才会有"有钱就会变坏"的认知，而这些认知一直陪伴着陈诺，潜移默化地影响着她的金钱观。

陈诺的经历造就了她的金钱观，那陈诺的老公张阳又有着什么样的经历呢？他与陈诺截然相反的金钱观又是如何形成的呢？

我和陈诺把解答这个问题定为了我们下次咨询的目标，我建议陈诺，最好能和张阳一起来。

陈诺为难地看着我说："我试试吧，但我觉得他不会同意的。"

钱越多越好

再次来到咨询室的陈诺，是带着张阳一起来的。

她有点不好意思地说："冯老师，我只是试探地提了一句，没想到他爽快地答应了。他也希望解决我们之间的问题。"

张阳也有些不好意思地说："冯老师，听陈诺说了上次找您咨询的事情，我才知道，一个人怎么看待金钱都是有原因的。我之前太武断了，从来没有认真想过这些事情。我也非常希望您帮我理清自己。"

张阳小时候家里很穷，其他小朋友拥有的零食和玩具，总是让他羡慕不已。可是，幼小的他也知道，父母为了供养他和弟弟读书，已经尽了最大的努力，根本没有能力满足他们额外的需求。

所以，尽管他羡慕别的小朋友有好吃的零食，有各种新奇的玩具，还有很酷的运动鞋，但懂事的他把自己的心思都深深地埋在心底，从来不在父母面前提起。

可是，生活有时候就是喜欢捉弄人，偏要把人们用尽全力藏得严严实实的东西暴露在阳光之下。

那是普通得不能再普通的一天，张阳一个人走在放学的路上，他路过垃圾桶边，瞥见一个没有被丢进桶里的包装袋，他好奇地捡了起来，看到袋子里还有些剩余的薯片碎块。他无法抵挡薯片香气的诱惑，快速地将其倒在自己的手心，然后塞进嘴里。

这时，前面一个小女孩突然回过头来盯着他，然后小女孩拽着旁边女人的衣服大声喊道："妈妈，那个小哥哥捡我扔掉的薯片吃。"

小女孩的叫声引来了很多路人的眼光，或同情，或嘲笑，或疑惑。

"别管他。"女人拉着小女孩迅速走远了。留下张阳站在原地,他感到脸上火辣辣的,恨不得找个地缝钻进去。他好后悔,为什么这么不争气,去捡别人吃剩的东西。

委屈、自责、自卑以及长久以来的压抑在这一刻通通向他袭来,他再也控制不住自己的眼泪,蹲在路边号啕大哭起来。

红肿的双眼没能逃过父母的眼睛;晚上,他们着急地询问张阳究竟怎么了,为什么哭过。

张阳只好告诉父母实情。

听完张阳的话,父母都沉默了。过了很久,父亲长叹一声,他对着张阳和弟弟说:"孩子们,你爸妈都是没本事的人。但只要你们肯学,我们就是砸锅卖铁也会供你们读书。你们只要付出比别人更多的努力,学到本事,将来赚大钱,就可以想吃什么吃什么,想买什么买什么。必须多多赚钱,才能过上好日子,才能不被别人看不起。"

当时,张阳和弟弟就对父母郑重地承诺,一定会刻苦读书,将来赚大钱,让家人过上好日子。

往后,张阳更加刻苦地读书。功夫不负有心人,高考后,他顺利拿到了名牌大学金融系的录取通知书。

毕业参加工作后,张阳渐渐感到,靠打工很难赚到大钱。于是,他决定创业。他相信,只要自己不断学习,不断努力,就一定可以让家人过上富足的生活。

但没想到,自己单纯的愿望却遭到妻子的极力反对。他开始的时候怎么也想不通,为什么自己一心为家庭打拼,妻子却总是冷嘲热讽的。现在他明白了,原来是他们不同的经历,导致了截然不同的金钱观。

他们不是互相为难,也不是不再相爱,只是观念产生了碰撞,才让原本温暖的家变成了冷冰冰的战场。

和解

陈诺和张阳都曾经以为，婚姻中最重要的是爱，有了爱，一切困难都会迎刃而解。因为金钱屡屡吵架的时候，他们都认为是对方不再爱自己了，才会这样对待自己。

著名的投资人巴菲特曾说过："家庭的第一核心，永远是经济，而不是感情。"《富爸爸穷爸爸》中也谈道："钱不是生命中最重要的东西，但钱影响着我们的全部生活，钱很重要。"

生活中，当夫妻两个人对于金钱的认知发生碰撞时，他们以为是在为"钱"争吵，为"爱"争吵，但实际上，是在为"认知和理念"争吵。

张阳点头表示同意，他侧身对着陈诺说道："对不起。我虽然听你说过你小时候的事情，但在遇到问题的时候，我没有认真思考这是我们金钱观的不同，还总是怪你不支持我。"

听到张阳的道歉，陈诺也忍不住泪流满面，她拉住张阳的手："老公，我也有错。你的公司面临那么大的困难，你已经心力交瘁了，我还总是和你吵架。以后，你做什么我都支持你，我会陪你一起渡过难关。"

看着他们互相表明心迹，我不由得想起，某科技公司创始人曾因为公司破产，欠了银行与合作伙伴数亿元，可是太太对他不离不弃，一直与他一起，支持他、信任他、鼓励他，给了他从头再来的勇气和信心，他也一笔一笔地把所有债务慢慢还清了。这种对彼此的依赖和信任，就是一个人最大的底气和安全感。再加上机遇和正确的理念，他才能东山再起。

相信张阳有了陈诺的理解与支持，他的公司也会迎来新生。

张阳连连点头："冯老师，现在低谷已经过去了，今天又和您聊了这么多，我心里的力量也全部回来了。如果陈诺还是不愿意我创业，我也可以考虑放弃。钱虽然重要，但让老婆开心更重要。"

张阳忽然想起了什么，他去看陈诺的脸，然后心疼地说："还疼吗？我那天真是太混蛋了，今天请冯老师见证，这是我第一次动手，也是最后一次。"

看着张阳郑重其事的样子，陈诺扑哧一声笑了。我知道，她心中的那块冰正迎着春风融化，无论是感情的，还是金钱的。

后 记

几个月后的一个下午，陈诺微笑着来到我的办公室。

"冯老师，张阳的公司接了一个大单，本来他想和我一起来感谢您的，只是客户刚刚约他见面，我只好一个人来了。"看着她神采飞扬的笑脸，我由衷为她高兴。

"冯老师，您知道吗？我和张阳常常说起您，找您咨询之后，我们都觉得我们前几十年都白活了，想想以前吵架的样子，真是太傻了。现在，我俩常常聊起小时候形成的那些观念，我们都觉得，我们以前的金钱观都是不够健康的，我们要重新找到一种适合我们现在的，两个人共同对金钱的新的认识。"

以前，张阳和陈诺各自秉持着自己的金钱观，让他们的关系渐渐变得犹如寒冬里的冰块，难以消解，现在，他们都看到了自己旧观念的不合时宜，愿意冰释"钱"嫌。有了这样的认知与行动，他们往后的生活注定阳光明媚，一世春暖花开。

第四节　引路的宝石

张静，人如其名，是个温柔娴静的女子，身上散发着一股与世无争的气质。她安静地坐在我斜对面的沙发上，许久，才叹了口气说："我也不知道自己是怎么了，前段时间，我在朋友面前透露想找份兼职贴补家用，朋友很热心，没过两天就给我找了待遇不错的兼职，可是，没有的时候想要，真能赚钱了，我又很排斥。"停了一会儿，张静又说道，"别人在我面前谈钱的时候，比如谁谁谁做什么赚了很多钱，我就很不爱听，挺反感的。不是人人都爱钱吗？我是不是不正常？"

"听到别人说谁谁谁赚了钱，你会想到什么？"我问张静。

"我会感觉说的人是在评论我不如别人，在贬低我。"张静说着，低下了头。

"在你的成长过程中，经常被拿来和别人比较吗？"我轻轻问她。

听到我的问话，张静沉默了一会儿，然后，眼里闪出泪光："从小到大，我妈妈就总是拿我和别人比。在她眼里，谁都比我强。"

别人家的孩子

张静回忆说，看到成绩好的小朋友，妈妈就拿她的成绩和对方比："看人家，学习那么好，将来肯定能赚大钱。"看到做家务的小朋友，妈妈就拿她做家务的能力和对方比："看看人家，这么小就会干活了，长大肯定做什么工作都能做好。"甚至有一次，邻居家的男孩把一袋面扛到楼上，妈妈都拿人家和她比，说人家孩子能干，就这份吃苦耐劳的精神，将来也能赚钱养活一家人。可那时的张静，才只是一个十岁的小女孩。

张静长大工作后，妈妈的比较还在继续，只是换了内容。每次张静回到家，妈妈就在她面前唠叨：谁谁家的孩子买了几套房，谁谁家的孩子开了公司，年收入有多少……

"所以，你排斥的并不是金钱，而是妈妈。对吗？"我看着张静说。

听到我这么说，张静的眼泪瞬间涌出，她哭着说："为什么她要这么对我？别人的妈妈都觉得自己的孩子是最好的孩子，可是她却总是看不上我。"

张静说，妈妈是一个很强势的人，她从小到大听到的最多的话就是妈妈在抱怨自己和爸爸不争气，而她的爸爸存在感非常低，和自己的交流也很少。面对妈妈的打压，她和爸爸都只能乖乖地听着，不敢说一个"不"字。

对妈妈的不满、愤怒积压在心里，张静不敢直接反抗，于是，她采用了一种迂回的方式——排斥妈妈看重的东西：金钱。你不是嫌我不争气吗？你不是羡慕别人家的孩子赚钱多吗？我偏偏视金钱如粪土，根本就不喜欢赚钱。当然，这种厌恶是在潜意识的推动下进行的，张静自己也不知道。

哪里有压迫，哪里就有反抗。行为上不敢，但潜意识里敢。当有些父母对孩子管控得过分严厉，孩子表面上不敢反抗，但在潜意识的推动下，就会通过自甘堕落等方式来惩罚父母。张静也是一样的心理机制，她不敢明着反对妈妈，就通过讨厌金钱来表达对妈妈的讨厌，但这么做也给自己的生活造成了很大的困扰。我和张静决定，先理顺她与妈妈的感情。

反抗是我的表达

张静闭着眼睛，靠在沙发上。我引导她放松身心，然后让她想象自己是一条海豚，跳入大海，感受海水的温度。张静说，感觉到海水很温暖。

海水的温度象征着来访者与母亲的关系。张静感到海水是温暖的，这说明她和妈妈的关系并不像她表面上说的那样糟糕，她还是能感受到妈妈的爱。

张静继续往大海深处游去，在大海的深处，她发现了一块宝石，这块宝石好像一直在等她。她拿起宝石观察，宝石晶莹剔透，散发着柔和的光芒。她有点感动，有点想哭。张静紧紧地把宝石握在手中的时候，心中产生了一种力量感，似乎有了一种被支持、被理解的感觉。

这块宝石象征着另一个张静，说明在张静的心中，她始终相信自己像宝石一样是有价值的，现在找到了另一个自己，所以她感受到了力量。

张静拿着宝石，眼前出现了家里的画面，妈妈坐在沙发上，看到她回来了，又开始唠叨："你李阿姨的儿子，才工作五年，就在省城买了两套房子了。""赵叔叔的小儿子，人家今年刚毕业，去了深圳的大公司，一年能赚好几十万。""唉，你怎么就这么没用呢？"

听到妈妈的唠叨，张静觉得非常烦躁，她用手里的宝石堵住了妈妈的嘴。妈妈说不出话来，惊讶地看着她。此时，宝石变得很兴奋，它为张静的勇敢而高兴，它引导张静说出对妈妈的不满："请你不要再拿我和别人比较了。每次被你打压，我都非常痛苦，我不像你说的那样一无是处。你自己赚不到钱，就指责我，你自己怎么不去赚？"听到张静的反抗，妈妈先是有些吃惊，接着她沉思了很久，开始向女儿道歉，她说没有想到自己的做法居然给女儿造成了这么大的伤害。

其实，反抗也是一种沟通方式，它可以促进对方的反思。就拿张静的妈妈来说，她是意识不到自己的唠叨会给女儿带来什么的，她只是在表达自己的想法，或许她还觉得自己的激将法会促使女儿上进。而张静只有明确告诉妈妈自己的感受，妈妈才会知道自己行为的实际效果是怎样的。

在张静的内心深处，一直有一个反抗的声音，只是被自己压了下去，象征这个声音的宝石指引着张静说出了内心真实的感受。对着妈妈喊出自己内心的真实感受后，张静说，自己感觉到了前所未有的轻松。

生活里，很多人都会因为害怕冲突而选择隐忍，或者因为内心的力量太小而不敢反抗。其实，无论是面对父母，还是面对其他任何人，压抑不会消减冲突，而是把冲突化作别的方式表达出来。例如张静是通过排斥金钱来表达对妈妈的不满，也有很多人会通过不让自己幸福的方式来惩罚父母，这样做的后果就是让双方都付出更大的代价，关系更加难以和解。

而反抗，勇敢地表达出自己的心声，把冲突通过正面的方式呈现出来，可以促进对方的自省，也能让自己排除掉压抑的情绪之后，更有可能看到问题背后的真相。

她需要被看见

张静的情绪得到宣泄之后，我引导她去探索，为什么妈妈总是唠叨，总是拿她和别人比较。

在第二次咨询中，我和张静通过零星的线索，拼凑出了妈妈的生活经历。

1977年，收到恢复高考消息的妈妈兴奋不已，不到二十岁的她经历了几年的知识青年上山下乡运动，深刻感受到了体力劳动的艰辛，特别希望通过高考改变自己的命运。然而，妈妈的决定遭到了外公外婆的极力反对。因为妈妈是家里的大姐，下面还有四个弟弟妹妹，外公外婆要求妈妈去工厂上班，贴补家用。妈妈不同意，外公就把妈妈的书本全部烧掉，逼她就范。

在外公强势的干预下，妈妈只好认命。后来，好几个和妈妈一起下乡的伙伴都考上了大学，毕业后都被分配到机关上班。这让妈妈心里非常不平衡。再后来，妈妈和爸爸都被迫下岗。人到中年失去了工作，又没有可以很快找到新工作的一技之长，张静家的生活陷入了极度贫困之中。

受到打击的妈妈情绪变得很不稳定，她把生活的不如意归结到自己的父母当年阻止自己高考。那段时间，妈妈经常说："如果我当年也考上大学，怎么会落得如此地步。"后来，妈妈把矛头指向了爸爸和张静，她骂爸爸："我不能考大学是我爸害的，你是自甘堕落，不求上进。"她骂张静："整天就知道玩，看你长大了找不到工作怎么活？"类似的语言成了妈妈的口头禅。

我帮助张静把这些语言转换成另一种说法："老公，我们都下岗了，面对未来的生活，我感到很恐慌，我希望你能给我支持。""女儿，妈妈很担心你将来过得不如意，像妈妈一样生活得这么艰难。"

在残酷的现实面前，妈妈被深深的无助感包围着，她没有力量面对现实，所以把希望寄托在丈夫和女儿身上。只是，不恰当的表达方式，让丈夫和孩子感受到的不是求助，而是打压。

其实，怪父母、怪丈夫、打压女儿，都是妈妈内心软弱的体现，因为没有强大的内心力量来面对现实，所以才会总是盯着周围的人。

黄启团老师的《亲密关系》中有这样一段话："慈悲，往往是从看到他人的痛苦开始。当一个人只看得到自己身上的苦时，他就会像刺猬一样，竖起浑身的刺来保护自己。但是，当他把焦点从自己身上移向他人时，别人的苦就会唤醒他的慈悲之心。"

在咨询中，张静看到了妈妈的痛苦，她在年少时由于当时的条件限制而吃了很多体力的苦，后来又因家庭的重担而牺牲了自己的前途，中年时又遭遇下岗，被生活的重担压得喘不过气来。因为"看见"，张静对妈妈的怨恨逐渐消散，她开始同情妈妈。她说："冯老师，以前我只感受到妈妈对我的伤害，今天，我才发现，比起我的痛苦来，妈妈的痛苦要更大。"

任何一种关系的形成，都是双方互动的结果。张静这边改变了对妈妈的看法，她们的和解就已经迈出第一步了。

爱要怎么说出口

张静说，其实除了唠叨和总拿自己和别人比较之外，妈妈对自己还是很好的。张静喜欢吃鱼，每次家里买了鱼，妈妈都把大块大块的鱼肉夹到张静的碗里。张静让妈妈也吃，妈妈总是凶巴巴地说："这么多刺，有什么好吃的。"每次妈妈一凶，张静就不敢多说了，但她心里清楚，妈妈不是怕刺多，是舍不得吃，想让张静多吃一点。

张静重重地叹了口气说："冯老师，其实我妈是爱我的，我现在也知道她过得不容易，才会变成那样。可是，那种对人的打压，真的太伤害人了，一个人压力大，是不是就能成为名正言顺伤害别人的理由呢？"

"当然不能。"我肯定地说，"我们分析一个人，是为了帮助我们看到对方行为背后的心理，从而知道自己应该如何应对，而不是为伤害别人找开脱的借口。"

妈妈的行为的确对张静造成了很大的伤害，这是必须接受的现实。但如果我们只沉浸在伤害中，是无法成长的。心理咨询是帮助来访者成长，避免再受伤害，而寻找行为背后的动机，是看清真相的必要步骤。之前，我已经和张静对妈妈的那些伤人的语言进行了一个"翻译"，转化成另一种表达方式。通过这种方式，张静了解到了妈妈语言中的攻击性是内心软弱的表现。接下来，我们再来看看妈妈语言背后的动机。

任何一个行为，其背后都有一个动机。妈妈总拿张静和别人比较，其背后的动机是什么呢？就是一个字：爱。她的目的只有一个，就是希望张静能生活得好，不需要过为钱而发愁的生活。只是，爱如果没有正确的表达方式，就变成了伤害。

而面对妈妈对爱的表达方式，张静和爸爸都用沉默来回应。沉默也是一种表达方式，这种表达方式背后的动机是什么呢？同样是因为爱，因为有爱，他们才害怕激怒妈妈。但这同样是一种错误的表达方式，也给妈妈带来了伤害。

黄启团老师在《亲密关系》中指出，我们在生活中常常会看到这样一种家庭关系，当一个家庭里有一个脾气特别好的人，就会有另一个一点就燃，脾气暴躁的人。面对这种情况，我们通常都会指责发脾气的人，而同情被攻击的人。但其实，不发脾气的那个人同样在攻击发脾气的人。因为在人与人的互动中有一条看不见的"情绪管道"，当互动中的一个人压抑自己的情绪时，情绪就会在另一个人身上爆发出来。

张静与爸爸虽然沉默着，但当他们受到攻击的时候，并不是没有情绪，而只是没有通过语言表达出来。妈妈捕捉到了他们的肢体语言，从而让自己的攻击性变得更强。

彼此错误的表达方式，让这个家的爱都变成了伤害。

张静是个很有悟性的来访者，当她意识到这一点后，她说："冯老师，我知道该怎么做了，我会率先改变表达方式，一个人的改变会带动整个家庭的改变。"

张静的话让我很欣慰，因为很多人在意识到问题之后，还是迟迟不愿意改变，会想象出各种困难而拒绝改变，其实，一个家庭就是一个系统，牵一发而动全身，需要有一个人愿意率先打破旧的模式。

赠予爱，收获爱

当张静理解了妈妈的不幸和整个家庭相处的模式之后，我和她定了下一次咨询的目标，就是怎么消除妈妈对自己的担忧。

我还是只做引导，让张静自己寻找答案。因为我相信，人本自具足。很多时候，来访者的内心是有答案的，咨询师要做的只是让他们看到自己的答案。

阳光透过窗户洒在张静坐的那张沙发上，在暖暖的阳光里，张静轻轻闭上眼睛。我引导她彻底放松身体后，让她再次想象自己变成一只海豚，跳入了大海。

张静在温暖的海水里畅快地向前游着。我引导她沉入海底，看看有什么。在之前发现宝石的地方，她还看到有很多各种各样的珠宝安静地躺在海底，和煦的阳光透过清澈的海水，照得整个海底世界绚烂多彩。

我问张静："看到这么多珠宝，你想做什么呢？"

张静答道："我要把它们送给很多人，送给需要它们的人，帮助他们摆脱困境。"

"很好，可以带着妈妈一起去把它们送给需要的人。"

张静眼前的画面变成了正在和妈妈一起把这些珠宝送给很多人。收到珠宝的人都非常感谢她们。而在这个过程中，妈妈看到她居然能帮助这么多人，觉得自己的女儿特别棒，自己以后一定不用操心了。

在张静描述的画面里，我知道她已经明白该怎么做了，只需要引导她说出来即可。

妈妈把自己对生活的担忧投射到了张静的身上，张静会如何打消妈妈的担忧呢？

"妈妈看到我不像她想象的那么无能，我可以带着她，一起送宝石给别人，我不仅自己有力量，还有帮助别人的能力，她的担忧就自然会消除了。"张静说。

"那接下来，你会怎么做呢？"我问她。

"我会把注意力放到自己身上来，我努力工作，自己生活得好了，妈妈自然不用为我操心了。"张静说，"以前，我总是想着怎么改变妈妈，怎么让她能不唠叨我，我今天才真正意识到，任何改变都是需要从自身开始的。"

听了张静的话，我含笑点头。畅销书作家晚情说过一句很经典的话：

"改变自己是神,改变别人是神经病。"听起来有点夸张,但确实非常符合心理学原理。因为一个人的认知形成,是各种因素综合起作用的结果,往往根深蒂固,只要当事人自己没有意识到自己有什么问题,别人是很难改变的。而人面对指责与否定的时候,出于自我保护的本能,都会下意识地否认与排斥。但是,人都是生活在一个环境之中,我们身边的人是我们的环境,我们也是别人的环境。人是会主动去适应环境的,所以,环境变了,人会自然而然地产生变化。

我让张静再想象一下,朋友在她面前说,谁谁谁现在在做一个什么项目,赚了不少钱呢。

张静说,她想和朋友一起去拜访那位事业有成的朋友,向他学习。和优秀的人在一起,自己才会更优秀。她现在觉得,赚钱特别好,能认识会赚钱的人也特别幸运。

"我希望自己变得有钱,看到别人取得了我没有取得的成就,我由衷地祝福他们。会赚钱的人,一定是对自己有很深了解的人,他们太厉害了,我要向他们靠拢,争取也像他们那样。"

说这话的时候,张静的脸上满是对未来的憧憬。见我在看着她,张静有些不好意思地说:"冯老师,在跟您咨询之前,哪位朋友有钱,我就想离他远一些,表现出一副'视金钱如粪土'的假清高,现在想想,觉得自己真是太傻了。有的朋友以为我是嫉妒,都不太愿意和我交往了。我越这样,财富离我越远。我现在知道自己的问题在哪里了,但我还需要慢慢去改变,我不着急,只要一点点往好的方向去努力就行。您说对吗?"

我夸她说得特别好。成就的取得是需要一个过程的,但只要有了好的想法,取得好的结果就只是时间问题了。正如《有钱人和你想的不一样》里说的:"想法产生感觉,感觉产生行动,行动产生结果。"

后　记

两个月后的一天，我接到了张静的电话。她告诉我，咨询一结束，她就给朋友打了电话，接受了那份兼职，由于做得很认真，客户对她非常满意。不久之后还给她介绍了新的客户，她的收入比之前提高了两倍。但她并没有满足现状。她知道，自己还需要继续学习，除了需要提升专业技能，还需要拓宽思维，提高认知。

有一次，闺蜜告诉她，她们共同认识的一个朋友又开了分店。闺蜜刚说完，就不好意思地看着她，表示自己失言了。张静坦诚地对闺蜜说，自己之前有心理问题才不愿意听这些消息，现在已经疗愈了，让闺蜜下午就带她去为那位朋友庆祝。

闺蜜说，张静像变了个人似的，一下子变得成熟智慧多了。张静故作神秘地告诉闺蜜，她已经用智慧想好了应对妈妈唠叨的办法。

就在昨天，张静回到家里，妈妈又开始唠叨邻居的孩子买了新房子。张静走过去，搂住妈妈的肩膀，打开手机银行，给她看了自己账户的余额，然后对妈妈说："我也很羡慕人家收入高，您看，我也离高收入不远了，到时候也给您买套新房子。"妈妈愣了一下，然后对张静说："赚钱自然好，也别太累着自己了。"张静赶紧把妈妈大大夸奖了一番，说她是世界上最好的妈妈。然后，她看见妈妈的脸上有了久违的笑容。

第四章
深藏于心的疗愈之力

第一节 "摆烂"的男人

作为一名从业十几年的心理咨询师,我虽然也称得上阅人无数,但第一次见到王慧眼里那般深切的无助感时,还是有些惊讶。是什么样的困难让无可奈何的表情写满了这张还如此年轻的脸庞呢?

"冯老师,您相信吗?我来找您做咨询的费用都是我一个朋友借给我的。朋友说,也许只有来找您,才能让我看到希望。这三年多来,我活得如同行尸走肉一般,我也不知道自己是否还有改变的可能。"

我鼓励王慧说出自己最大的困惑是什么。

"我只想让我老公能振作起来,出去找一份工作,哪怕赚很少的钱。我的要求不过分吧?"

我点点头说:"这是一个成年人本来应该承担的基本责任。是什么让他不愿意承担这个责任呢?"

王慧苦笑了一下,给我讲述了她的故事。

"男人都很脆弱"

结婚之前,王慧的择偶硬指标就是"做生意的人",因为她觉得商场如战场,做生意的人抗压能力应该很强。所以,她嫁给了家境与学历都不如自己的江豪,仅仅因为他是做生意的。

但出乎意料的是,结婚后,王慧才发现,江豪作为生意人,不仅没有强于一般人的抗压能力，反而连一般人都不如。刚结婚没多久，他就因为生意不景气把公司转手给了别人，然后找了份工作去打工。打工就打工吧，但是，他的每份工作都做不长，后来干脆都不出去找工作了。

公公婆婆对儿子的状态也毫无办法。年逾花甲的公公被迫重出江湖，下工地干活养家。去年，婆婆陪王慧在医院产检的时候，接到工地上的电话，说公公因工伤送医院了。也许是因为紧张导致王慧的血压一下子升高，不足月的孩子被剖宫产出，安置在保温箱。

一家五口人，三个人在住院。家里所有的积蓄都拿出来，也不够在医院的开销。而在这个困难时刻，家里最身强力壮的江豪却因为承受不了这样的打击，变得越发颓废。

好不容易熬到三人都出院。公公因为受伤，没办法再继续打工了。王慧每次和江豪说，希望他能想想办法赚点钱，江豪却说，看我们家这个样子，就算我找份工作也是杯水车薪，命中注定就是负债累累的了。

看着年迈的婆婆一个人操持着家里，王慧出了月子便出去找工作。但是，没有一技之长，又与社会脱节这么久，她只能找到那种又累钱又少的工作。

别人家的妈妈都在给孩子选择最好的配方奶粉，她家的女儿呢？母乳不够稀饭来凑。别的妈妈们都在讨论哪个牌子的衣服质量好又美观，而自己的女儿只能穿亲戚家孩子的旧衣服。

这些也就罢了，最让王慧接受不了的是江豪的不作为。每次看到他那一副受了打击的颓废模样，王慧就感觉生活毫无希望。王慧吵过闹过，甚至用离婚威胁过，但对江豪完全不管用。

"我为什么这么命苦呢？"王慧抹了抹眼角的泪水，"男人怎么都这么脆弱呢？冯老师，他们怎么连我们女人都不如呢？"

我问王慧："你得出的'男人都很脆弱'的结论仅仅是因为你老公的颓废吗？"

王慧沉默了片刻，艰难地吐出了几个字："我爸爸也是这样。"

王慧说，从小到大，自己的生活里，似乎只有妈妈一个人，妈妈一个人上班养家，一个人送她上学放学，一个人操持家务。而爸爸，似乎永远都在跟酒肉朋友消遣度日。

正是因为自己的爸爸毫无担当，所以王慧才一直希望找一个能扛得起生活重担的男人，结果却找了个这样的丈夫。

"这是宿命吗？"王慧的眼里满是疑惑，"为什么我总遇到这样的男人？"

揭开宿命的真相

在生活中，我们一定曾有过这样的感受：同样是第一次见面，有的人会让我们感到很亲近，而有的人，我们就对他完全无感，甚至不知为何会莫名地排斥。

为什么会出现这种现象呢？

举个例子，比如一个人在童年时期遇到了一位很和蔼的老师，老师给了他很亲切的感受。长大后，他已经忘记了那位老师长什么样子，但遇到与老师特征相似的人，他就会莫名觉得亲切。

婚姻也遵循这个规律，只是，婚姻中的现象比一般的人际现象要复杂得多。因为人对父母的感情，要比对外人复杂得多。哪怕一个人表面上很讨厌他的父母，但在恨里也会夹杂着爱。还有一个更重要的原因是他从小就习惯了与父母的那种相处模式，熟悉感就是人的舒适区。

当他从一个人身上捕捉到这种熟悉感的时候，会让他感到很安全。所以，新生家庭总是会和原生家庭有着惊人的相似之处，这种现象就是精神分析里说的"强迫性重复"。

听了我的解释，王慧思考了半天才开口道："冯老师，我觉得您说得很有道理，我也认可。我现在想通了，不管怎么样，老公是好是坏都是我自己选择的。现在，我最想解决的问题，是为什么他们身为男子汉，不能顶天立地也就罢了，还那么颓废，把重担都推到女人身上。"

我对王慧说："你非常有智慧，能看到你婚姻的问题源于自己的选择。接下来的问题，你肯定也会很快找到答案。"

王慧不好意思地笑了笑："冯老师，您过奖了，我是一个很笨的人，连个像样的工作都找不到。"

我还真的不是夸大其词，我发现，人在咨询室里的时候，都会变得更有智慧。因为咨询师会给来访者无条件的接纳、理解与包容。我也希望每位来访者能把咨询室里的这份接纳与包容带到生活中去，在这些意志品质的帮助下，很多问题都会变得很容易解决。

我和王慧约定，下一次咨询的目标就是找到让这些男人脆弱不堪的原因。

被夺走的心力

因为新生家庭的问题多数都来自原生家庭，所以我和王慧商量后，决定先从原生家庭入手，去看看问题出在哪里。

王慧回到了童年的情景，她说，看到了她四五岁的时候，在奶奶家住着的画面。

姑姑刚刚结婚，却没有房子住，奶奶让姑姑和姑父住在自己家。奶奶的这个决定让妈妈很生气。奶奶家是一个小二层，楼上两个房间，楼下一个房间。之前王慧一家三口和姑姑住在楼上，奶奶和爷爷住在楼下。

本就不宽敞的房子多出一个姑父，让妈妈觉得非常拥挤，也非常不方便。但爷爷奶奶一言九鼎，妈妈再生气也只能忍受。

有一天晚上下暴雨，二楼的两间房子都漏雨，奶奶直接叫姑姑和爸爸去她的房间休息，而对女婿和儿媳妇，却不管不顾。

"那这个时候，爸爸是什么态度呢？"我问王慧。

"爸爸一般都不发声，可能是觉得自己说了也不管用吧。后来，妈妈非要搬出去，我们一家三口租了一个很小的房间。"

说到这里，王慧长长地叹了一口气，才继续开口道："搬出去后，有了自己独立的空间，妈妈一开始很兴奋，她以为摆脱了爷爷奶奶的控制，我们一家三口，就可以过得自由自在了。妈妈开始给自己和爸爸张罗着找工作，但爸爸却并不像妈妈那样对未来充满希望，他不但不积极工作，反而开始摆烂了。"

"男子汉大丈夫，为什么一点责任都不肯承担呢？"王慧不解地看着我。

一个人不能承担责任通常有两种情况，一种是从来没有承担过责任，从小到大，该承担责任的时候都由别人替他承担了，所以他没有发展出承担责任的能力和意识；另一种情况是他从小就承担了他本不该承担的重责，所以也会出于畏惧心理，拒绝承担责任。

很显然，王慧的爸爸属于前者。

本来，人都是本自具足的，每个人都会发展出独立生存在这个世界上的能力。只是，成长过程中，父母的不正确对待方式或者生活中的创伤性事件，会破坏掉这种生命力。对于王慧的爸爸来说，面对父母的决定，哪怕是不合理的决定，他都从不表态，这说明，他从小的声音都是不被父母听见的，他的需求都是不被父母看见的。他的心力都被强势的父母夺走了，自然无法承担起生活的重责。

"现在，我有点同情我爸爸了。他只是心力太弱了。"王慧说。

"那样一个心力很弱的人，怎么样才能让他变得强一些呢？"我问。

"这……"王慧想了半天，才支支吾吾地说，"我妈妈就是骂我爸爸，我以前也觉得爸爸该骂，但现在经您这么一说，好像是不对的。"

是啊，打击、怨恨，只会更加削弱一个人的心力。缺失的心力，还有补救的办法吗？

王慧说，她现在觉得很内疚，没有看到爸爸的痛苦，还一直怨恨他。

"爸爸从小受了很多委屈，才变成那样。我应该帮助他，可是我没有，还一直怪他。我是不是很糟糕呢？"王慧自责道。

我安慰王慧："你并不糟糕，而是在你的成长过程中，你的父母也没有给到你足够的爱，所以，你还不具备疗愈别人的能力。"

愈人必先愈己

有一件一直让王慧无法释怀的事情。当年，爸爸妈妈从奶奶家搬出来后，日子过得很拮据，但妈妈还是找关系并花了很多钱让王慧上了重点初中，希望她能有一个好的未来。可是，王慧成绩不好，最终还是没能考上重点高中，也因此没能考上一个好的大学，后来，还变成了没有收入的家庭妇女。这件事成了王慧和妈妈之间不可言说、不可触碰的一个心结。

王慧始终觉得自己对不起妈妈，这件事就像是一块巨石压在她的心上，每每想起都觉得沉重无比。她恨爸爸不能为妈妈分担，也恨自己不争气，没有改变家庭的命运。

每个孩子都天然地希望能为父母排忧解难，但当家长把希望都寄托在孩子身上时，就会成为孩子承担不起的重负。

为了帮助王慧卸下心头的重担，我引导王慧想象妈妈就在面前，说出想对妈妈倾诉的话。

"妈妈，那天您下班回来，兴奋地告诉我已经帮我联系好上重点初中了，您还问我高不高兴。我嘴上说着高兴，其实我心里一点都不高兴，我只是觉得浑身上下都好像被一个东西包裹着，难以呼吸。我觉得您为我付出太多了，如果学习不好，那我就是个罪人。"

"看看妈妈的表情是什么样的？"我引导王慧。

王慧说："妈妈的表情有点惊讶，她没想到我会这么想。"

"把你的感受都告诉妈妈。"

"妈妈，每次考试前，我都特别紧张，就怕考不好看到您失望的眼神。每次考完试，我都不敢回家。有一次，我站在家门口整整半个小时不敢进去，我觉得自己太没用了，辜负了您的期望。有的时候，我甚至会冒出'是不是自己死了，就不用拖累您'的想法。直到现在，面对家里的情况，我都有种很深的无力感，不知道自己该怎么办。"

说到这里，王慧泣不成声。过了很久，王慧的情绪才渐渐平静下来："冯老师，我刚刚看到妈妈也哭了，她说没想到给我造成了这么大的压力，其实她没有指望依靠我改变家里的命运，她只是希望我将来过得比她好。"

"你现在感觉怎么样？"我问王慧。

"我感觉之前自己一直背着一个很重的包袱，这个包袱压着我，让我很难受，我从来不知道，原来这个包袱是可以拿下来的。我误会了妈妈，也误会了自己，我曾经以为妈妈花钱让我上重点初中，是一种家庭的投资，如果投资失败，就都是我的责任。现在我明白了，妈妈只是出于爱我，单纯地想让我接受更好的教育，而我也没必要为难自己，考不上好的大学有很多种因素，这也不是我的错。"

"卸下包袱之后的感受怎么样呢？"

"前所未有的轻松，而且有个很奇怪的感受，我自己轻松了之后，我就更觉得爸爸和妈妈都不容易，更能理解他们了。"当用语言表达出自己的情绪之后，王慧变得轻松而有力量了。

心理学家潘楷文说，治愈童年阴影的关键在于重新体验情绪和情感，并用语言把体验到的情绪和情感描述出来，但这是需要机遇的。

在现实中，我们会在相同的境遇中重新体验童年的情绪情感，但是很难有机会把这种情绪情感用语言表达出来。

一人生病，全家负责

理清了自己的原生家庭后，王慧也看清楚了夫家的问题。

王慧的婆婆像大多数中国传统女性一样，为家庭和孩子奉献出了自己所有的时间与精力，可是，公公性格比较软弱，无法在外面为这个家撑起一片天。这让婆婆的埋怨总是充斥着这个小家庭。

婆婆有一幅关于理想生活的内心蓝图，就是儿子在外面打拼出一番天地，保障家庭成员衣食无忧，而儿媳相夫教子，守好后方阵地。

但公公内心的蓝图和婆婆是不一样的，他要的只是一家人简简单单在一起就行了。

江豪内心的蓝图是：希望爸爸妈妈和谐相处，不要吵架。

三个人，三幅蓝图，相互的碰撞与矛盾让这个家庭充满了负能量，压制了每个人的生命力。

家庭治疗理论认为，每一个人的心理问题都要放到一个系统中去看，一个人表现出心理问题可以认为是家庭这个系统出现了问题，这个"病人"只是家庭问题的代表而已。

咨询进行到这里，王慧看着我说："我老公就是家庭问题的代表，是吧，冯老师？"

我点点头："犹如我们使劲拉一根绳子，断裂的地方一定是它最薄弱的地方。家庭问题，也往往会在最不成熟、心理最脆弱的人身上呈现。"

王慧沉默了一会儿后，继续说道："那在我和我老公的家庭里，我只看到了我老公的问题，其实是我们这个小家庭生病了。"

王慧回忆起自己刚刚认识江豪的时候，他表现得挺有担当的，后来，王慧还曾骂他一开始在自己面前装出一副有担当的样子欺骗自己。现在想想，开始的时候，江豪真的不是在装，而是因为即将走入婚姻，环境与身份的变化确实让他有了改变的动力。如果自己当时能给予他一些鼓励与支持，如今的生活是不是就会有很大的不同呢？

家庭治疗理论有一个观点，就是人与人是互相影响的，改变了家庭中的相处模式，那个"问题代表者"的症状就会消失。

我安慰王慧："当时的你，自己也是家庭问题的承担者，你是没有能力帮助老公的，现在开始也不晚。"

王慧点点头，我引导她和江豪进行了一次"对话"。

王慧看到了江豪皱着眉头，黑着脸，耷拉着脑袋坐在沙发上，她在江豪的对面坐下，向他道歉："老公，对不起，我之前没有看到你的难处，也没有看到你的努力，不仅没有和你一起分担，还把所有的责任都推到你一个人身上。"

江豪听到道歉，脸色舒缓了一些。

王慧说："其实你一直都在努力，你也想顶天立地，成为家庭的顶梁柱。只是，你小时候受到了太多的负能量影响，当时的你太小了，还没有能力消化这些负能量，被它裹挟着，没能发展出你的能力。我以后会陪着你，我们一起面对，一起找回我们的生命力。"

江豪也哭了，他说："长这么大，终于有人能理解我了。"

随后，王慧看到了公公婆婆，她向他们表达感谢，感谢他们含辛茹苦地把江豪养大，感谢他们在孕育和教育孩子的过程中的耐心和付出，感谢他们一直以来对这个小家的默默贡献。听到王慧的感谢，公公脸上的无奈感，婆婆脸上的委屈感，都逐渐消失了。

在这个过程中，王慧说，感到整个家庭的负能量在慢慢消散，被正能量一点点取代。

咨询进入尾声的时候，王慧说，以前她只陷在自己的感受里，看到每个人都很糟糕。人人都在负能量的状态下互相埋怨、指责，整个家庭都处于恶性循环之中。在这样的家庭中，怎么可能会赚到钱呢？

后 记

　　王慧后来告诉我，她每次咨询完回到家里，都想着把在咨询室的感悟运用到生活中，想跟他们好好聊聊，告诉他们自己咨询的过程。可是，每当迈入家门的那一刻，那种沉重的气氛再次向她袭来，让她无论如何都开不了口。她有些失望，走出咨询室，她是不是就又回到过去的无能为力之中了呢？

　　但接下来，生活给了王慧一个惊喜。她发现，虽然她什么都不说，但她发生改变的同时，家人也悄悄地发生了转变。

　　有一天，江豪一起床就坐在电脑前打游戏，之前，她或者大骂他一顿，或者一整天都不给他一个好脸色。但那天，她从江豪那毫无活力的身体上，看到了一个缺乏生命力的人的无助与无奈，同情之感油然而生。她做好早饭端到电脑旁，让江豪边吃边玩，还温言嘱咐丈夫不要饿坏了胃。那天，江豪只玩了一会儿就关了电脑，还破天荒地收拾了一下家里。

　　之后，无论江豪做什么，王慧都温言以对。对婆婆和公公也是，他们为自己和丈夫做了任何事，王慧都真心地说一声谢谢。

　　"改变需要一个过程。我开始想着，我一改变，别人就都会立马跟着我改变，这太急功近利了，也是不现实的。我要允许他们，允许他们不按照我的节奏来改变。而且，我需要自己先真正地改变，而不是为了带动别人，有目的性地改变。我改变是为了我自己，别人改变不改变是别人的权利。当我真正这么做的时候，我发现不知不觉中，整个家庭的气氛都不一样了。"王慧感叹道。

现在的江豪不再"摆烂"了，他和王慧各自找了一份工作，公公婆婆在家里帮他们做饭和带孩子。虽然日子过得还有一点紧张，但王慧说，感觉很有奔头，也相信以后会越过越好的。

第二节　悬崖边的重生

"我走在悬崖边，心里想着'危险，离悬崖远一些'，但脚下却不听使唤，然后我的右脚感觉绊了一下，我一低头，看见旁边的万丈深渊，巨大的恐惧袭上心头。我在心里叫着，能不能来一个人陪陪我，陪我走过这段悬崖，但是周围始终空荡荡的，心里感觉很孤独，很害怕。醒来后，这种感觉还留在体内，半天缓不过劲来。

"冯老师，我昨晚又做了这个梦。醒来后，特别难受。以前也做过类似的梦，每次都是同样的感受。"何芳说起昨晚的梦，脸上的表情依然充满了无助。

"昨天发生了什么事情吗？"梦是潜意识的反映，尤其是经常做的梦，而来访者自己就是最佳的解梦人。

"我有一笔很大的贷款，很快就到还款期限了，我手头现金不够，想把房子卖了还贷，可是卖房子一直不顺，昨天找中介询问卖房情况，还是没有进展。"

"听到这样的消息，你是什么样的感受呢？"我问何芳。

"我心里很难受，觉得很孤独，很无助，自己总是孤零零一个人，没有人帮我，想到还款期限，心里又感觉很害怕。我的人生，就像走在悬崖边，充满着孤独、恐惧，一直都是这样。冯老师，我该怎么办呢？"

"一直都是这样吗？那你还记得上次做这个梦的时候，发生了什么吗？"

"上次是……"何芳陷入了回忆,"领了离婚证的那天,我好像也做了类似的梦。"

"我曾经以为找到了一生的依靠,却不过是黄粱一梦。"

昙花一现

遇见肖然的那个场景,有点像电视剧里的桥段。

那天,何芳去银行办完事,刚推开银行沉重的玻璃大门,旁边一个男人边走边打电话,直接撞到了何芳身上。

何芳手里的资料散落了一地,她一时有点慌,边蹲下捡,边向来人道歉:"对不起,对不起。"

男人挂断电话,笑了起来:"明明是我撞到了你,怎么还向我道歉呢?"

男人帮何芳捡起资料,递到何芳手里。何芳又忙不迭地说:"谢谢,谢谢!"

男人笑得更欢了:"是我该向你道歉,留个联系方式吧,下次请你吃饭赔罪。"说着,打开二维码名片递到何芳面前。

何芳心里有点想拒绝,但不知道该怎么拒绝,只好掏出手机,加上了好友,然后逃跑似的离开了现场。

当天晚上,何芳收到了对方的消息:"我叫肖然,今天非常抱歉,是不是吓到你了?"

看到这条消息,何芳的心里涌上一股暖流。从小到大,都是她向别人道歉,这个叫肖然的陌生人,居然向她道歉,还关心她有没有被吓到。

何芳从来没有和别人聊过这么久的天,直到肖然说不早了,嘱咐她早点休息,她才发现,居然已经十一点了。

何芳的心里像有一只欢乐的小兔子在跳跃,她兴奋得睡不着觉,把聊天记录从头到尾翻看了好几遍,不知什么时候才抱着手机迷迷糊糊闭上了眼睛。

接下来的日子是何芳人生中最快乐的一段时光。每天晚上,肖然都会陪她聊一会儿天。他就像一道阳光,让何芳原本晦暗的生活变得明媚起来。

周末,肖然约何芳一起吃午饭。这让何芳紧张了整整一个上午。令她没有想到的是,第二次见面,肖然居然会向她求婚。

她至今仍然记得,那天中午肖然看向她的眼神,充满了怜爱:"感觉你很孤独,余生,让我陪着你好吗?"

尽管何芳觉得有点唐突,但她还是点头了。因为她怕她一旦拒绝,肖然就会离她而去,这份感情是命运对她唯一的一次慷慨馈赠,她必须珍惜。

新婚之夜,何芳问肖然,为什么会喜欢自己。肖然说:"第一次在银行门口遇到你,你楚楚可怜、唯唯诺诺的样子,让我的心里升起了一种强烈的保护欲。"

当时的何芳怎么也不会想到,后来肖然也是以同样的理由提出了离婚:"你整天一副楚楚可怜、唯唯诺诺的样子,自己都不爱自己,怎么能换来别人的爱呢?"

"我就知道,我怎么可能会那么幸运呢?我这么没用的人,怎么可能有人会真的喜欢我?只要了解多了,就会厌弃我。"何芳的语气很平静,却透露出一种绝望感。

从民政局出来,何芳看着手里的离婚证,距离上次在这里领结婚证,只有一年的时间。何芳看了一眼旁边的肖然,他的表情冷漠而陌生。

一年前,在同一个地方,同一个男人,曾满眼热切地看着她:"往后余生，我可以名正言顺地陪着你了。"那个让何芳感动到泪流满面的场景已经恍如隔世。往后余生，陪伴她的依旧只有孤独和寂寞。

"冯老师，我太没用了。我婚姻留不住，贷款还不上，我觉得好无助。"

"无助"这个词，何芳从来到咨询室，就重复了很多次。表面上看，婚姻的失败、贷款的困扰，是造成她无助的原因，而她在进入婚姻之前，就有着很低的自我评价，无助，是果也是因。

因为何芳的内心总有无助的感受，导致了她总是没有能力处理遇到的事情，而这些现实的挫折又加深她无助的感受，形成一个循环。

她的内心，为何总是充满无助呢？她经历了什么？

孤芳

那时，何芳只有六岁，爸爸、妈妈带着她和弟弟去亲戚家。亲戚的家在山里，山路崎岖难行，爸爸提着东西，妈妈抱着弟弟，何芳跟在他们后面。

一开始，何芳还觉得很好玩，蹦蹦跳跳的。但走了一段路之后，她走不动了，喊妈妈抱她。妈妈头也没回地说："你没看到妈妈抱着弟弟吗？怎么抱你呢？"

何芳又要求爸爸抱她，可爸爸却没有任何回应，仿佛根本没有听到何芳发出的声音。

也许是太累了，也许是为了吸引爸爸妈妈的注意，在一个山坡的转角处，何芳一下子摔倒，然后从小山坡上滚了下来。她感觉身上好几处都在剧烈地疼着，大哭起来。

爸爸妈妈听到哭声，同时回头。爸爸放下物什朝山坡下走来，何芳以为爸爸会抱起她来哄她，结果等待她的却是大声地责骂："走路都不能好好走，你怎么这么没用呢？直接从山上滚下去摔死算了。"

爸爸的音量之大，吓哭了山坡上妈妈怀里的弟弟，妈妈赶紧哄着弟弟，却始终都没对何芳说一句关心的话。

委屈、无助的感受充斥在小小的何芳心中，但她却停止了哭泣，因为哭泣没用，她忍着疼痛跟在爸爸妈妈的身后。

那天从亲戚家返回的时候，天已经黑了。何芳跟在爸爸妈妈的身后，爸爸妈妈走得很快，她需要小跑着才能跟上。天越来越黑，到后来，已经看不清脚下的路了，何芳的心里充满着恐惧，她怕自己不小心会掉到旁边的山崖下，那一定会很疼很疼吧。

回到家里，妈妈给弟弟洗完澡换了衣服，抱着弟弟躺到床上，给弟弟哼着儿歌哄弟弟睡觉。

灰头土脸的何芳一个人在卫生间洗漱，够不到刷牙杯，便自己搬小椅子拿，发出的响声稍大一些，就会被爸爸斥责打扰弟弟睡觉。

洗漱完毕，何芳蜷缩在被窝里，听着妈妈为弟弟哼唱的歌曲，妈妈唱得真好听，但她知道，这歌不是为她而唱的。迷迷糊糊中，她仿佛又走在那条陡峭的山路上，脚下一滑，她的脚踩空了，她大声喊着爸爸妈妈，可是，她听见爸爸妈妈都在哄弟弟，他们都听不见自己的呼救声。

十岁时的一天，何芳放学后，从桌斗里拿出书包，随着书包抽出来，一些垃圾也掉到了地上。她看向桌斗里，里面塞了很多垃圾，有废纸，有零食的包装纸……她看向四周，同桌与前座的男生一起捂着嘴看着她笑。

她注意到了老师的目光在看向她，她看着老师，希望老师能帮自己，可是，传到耳朵里的声音却是："何芳同学，看看你脚下的垃圾，赶紧捡起来，以后注意一点。"

愤怒、委屈在她心中蔓延，可最终还是化为了无助。她默默弯腰捡起了地上的垃圾,默默背起书包,默默走在回家的路上。

孤独、无助,成为她生命的底色。

何芳睁开眼睛:"冯老师,我明白了。我的不幸,从一出生便注定了。我生在一个重男轻女的家庭,我的爸爸妈妈都那样对我,我能怎么办呢?我没救了。"

"父母怎么对你,也许你确实没有办法左右,但你还是有办法决定你怎么对自己。"

何芳看向我:"一个被所有人欺负的人,还有能力过好这一生吗?"

也许,何芳的生活里确实遇到了很多不友善的人,但一个人的一生之中遇到的,也不可能百分之百都是糟心事,只是,在强大的负面情绪之下,曾经那些小小的感动与温暖被淹没了而已。

我需要带何芳找回那些时刻,那些时刻会成为一道突破口,撕开这道口子,才能让更多的阳光照射进来。

暗夜里的星光

何芳又陷入了回忆中。

三年前,刚刚离婚的何芳特别想有一套自己的房子,告别漂泊无依的生活。当时她鼓起勇气向爸爸妈妈还有几个亲戚开了口,想借一些钱买房。

可是,爸爸妈妈直接回绝了她:"你弟弟刚结婚,我们哪来的钱呢?"

舅舅答应了替她筹一些钱,但之后便没有了下文。

姑姑说需要和姑父商量一下,第二天婉转地拒绝了她。

忽然,何芳的眼睛里闪出一丝亮光:"银行帮了我。冯老师,银行曾经帮过我,因为银行贷款给我,我才买了现在的房子,有了一个属于自己的家。"对这个回忆，何芳有点激动，"冯老师，还是有人愿意帮我的，虽然我的亲人不帮我，但我还是找到了帮助我的地方。"

即使再暗的深夜，也总有点点的星光。我让何芳再想想，生命里是否还有这样的时刻。

"我想起来了，冯老师，小时候也有人帮过我。那次我同桌和前座的男生在我的桌斗里放垃圾后，第二天早上，我上学前拿了一个塑料袋，打算把垃圾收起来。到了学校后发现桌斗里没有垃圾，我开始以为是他们良心不安收掉了，可是，等放学的时候，我才发现，他们又悄悄地放了垃圾。他们又在笑我的时候，班里一个女生骂了他们，说他们欺负同学，第一次她替他们收了，以后再这样，她就一定会告诉老师。正是因为那个女生的帮忙，以后他们再也没往我课桌里放垃圾。"

"回忆起这些事情，你心里还会觉得很无助吗？"

"好了很多，但是……"何芳犹豫了一会说道，"毕竟只是偶尔的情况，大部分时间还是没有人帮我的。"

"其实，不仅是你，大部分的人都是要靠自己的，都不可能事事有人帮助。只是你从小的经历让你更多感受到了无助，而忽略了自己内心原本就有的力量。你在很小的时候就能一个人走回家，在年纪轻轻的时候就靠自己买房，事业也有小成。这些，都是因为你本身就有很大的潜能。"

"冯老师，您说的也是。我弟弟从小被爸妈惯坏了，到现在都在啃老。而我因为没人帮，只能靠自己，至少物质上比他好得多。"

自助者，天助之

我建议何芳就过去的经历，把心里的想法对爸爸妈妈说出来，让他们看到自己曾经被忽略的心理需求。

何芳站在一个高高的山坡上,她看到山坡下站着很多很多人。然后,在攒动的人头中,她看到了爸爸妈妈。她的心里,生出一丝委屈,一丝怨恨。

"把想对他们说的话都告诉他们。"我鼓励何芳。

"爸爸妈妈,从小你们就只关心弟弟,对我只有忽视和责骂,我恨你们。不过,也正是你们的重男轻女,我只能依靠自己,才有了今天的生活,不像弟弟那样,至今无法独立。所以,我也感谢你们的放手。"

这时,看到爸爸妈妈头上的白发,何芳又有点心疼,她不忍地说:"你们也不容易,你们自己也是重男轻女观念的受害者,你们只是传承了这个观念,做了你们自认为对的事情。你们也很可怜,你们不懂怎么当父母,弟弟今天的状态,对你们已经是最大的惩罚了。你们没有接受教育和提高认知的机会,可是你们把这个机会给了我,我不会再整天顾影自怜了,我要好好爱自己,让自己强大起来,让你们看到,虽然儿子不成器,但你们还有一个优秀的女儿。希望我的优秀与强大能给你们一点精神的安慰。"

这时,何芳在人群中看到了小学时帮过自己的那位女生,还有穿着银行制服的两名工作人员,何芳的心中升起一股暖意。她看着他们说:"谢谢你们,让我感受到温暖,也让我在最艰难的时候有了坚持下去的力量。我要像你们那样,把爱传递给外界,而不是无助。"

人群中有很多熟悉的面孔,也有很多陌生的面孔,何芳对着人群大声说道："无论是帮助过我的人，还是伤害过我的人，我都感谢你们，你们都是来成就我的。"

释放过后，何芳告诉我："冯老师，我现在忽然觉得自己像变了一个人一样。我曾经也看过一些书，说童年决定人的一生，我觉得我无法改变我的童年，我这辈子就注定在孤独无助中度过了，但现在感觉好像并不是那么回事，我感觉我的命运从此以后会发生变化。"

弗洛伊德等精神分析学家提出了"强迫性重复"的概念，它指的是一个人会固执地、不断地重复某些似乎毫无意义的活动，或反复重温某些痛苦的经历和体验。认知行为疗法认为，命运是由思维导致感受，感受导致行为，行为验证思维的循环。这两个理论有一个共同点，就是"我们没有认识到的一些东西，在决定着我们的命运"，如果我们一直觉察不到这些东西，就会相信"我的一生将被命运左右"。当我们觉察到了这些东西，命运就可以被改变。

而何芳现在已经觉察到了，所以她也将告别孤独无助的模式，开启自己全新的生命体验。

展望未来

最后一次咨询的时候，我引导何芳展望未来的生活。何芳的眼前出现了这样的画面：

她一个人走在山路上，走着走着，她停下了脚步。她的身旁是万丈深渊。何芳感到恐惧和无助，她的第一反应是"为什么没有人帮我"。但很快，她摇摇头，她告诉自己："我已经不是曾经的小朋友了，我有能力一个人走过这段路。"

"何芳，你继续往前走，走着走着，你会看到一片完全不一样的景色。"我告诉何芳。

何芳点点头，她继续往前走，走了很长时间，她终于看到了，这里绿草丛生，鲜花茂盛，在如此幽静的山中居然还有很多精致的房屋矗立着，她很喜欢这个地方。

"你打算在这里做什么？"
"这么幽静的环境，特别适合疗愈。我打算在这里建一个疗愈中心，让心灵受到创伤的人都住进来，住在这里的人一定会得到健康。"
"你可以的，大胆去做吧。"

何芳在门口挂了一个牌子，上书"心灵之家"。在每个房间里，她都摆了一瓶亲手插的鲜花。

很快，心灵之家迎来了第一位住客，这是一个和何芳一样生活在重男轻女家庭的女孩。她的父母不爱她，总是压榨她，她结婚后被家暴，随即离婚，当她回到父母家，却被父母赶了出来。

在心灵之家住下后，女孩脸上的抑郁不见了，她每天在鸟语花香中醒来，和何芳一起种花种菜。她也爱上了这里，帮何芳一起接待来到这里的人，给他们温暖，给他们爱。

这天，心灵之家来了一对老夫妻，老爷爷已经八十岁了，脾气很差，身体状态也很差，整天咳嗽。但住在这里后，老爷爷再也不咳嗽了，身体一天比一天好，对老奶奶的态度也变得温柔，夫妻俩现在都能一起下地种菜了。

看着来到这里的人一个个告别了抑郁，抛弃了忧愁，远离了烦恼，何芳的心里觉得越来越有力量。

睁开眼睛后，何芳仍然沉浸在喜悦中，她有点兴奋地说："冯老师，我忽然想到了一句话，'爱出者爱返，福往者福来'。曾经，我认为没有人爱我，我就是可怜的，现在我觉得完全可以变被动为主动，我可以去付出，去爱别人。爱能疗愈一个人，不仅是说得到别人的爱，爱别人同样能疗愈自己。您看很多遭受生活变故的人都想去做志愿者，是不是就是这个道理呢？"

我赞许地对何芳点头。当一个人有了爱别人的念头时，她自己的伤口就已经在愈合了。

后　记

没想到，一周后，我就又见到了何芳。但这次，她不是来做个人咨询的，她报名了心理咨询师培训，她告诉我说："冯老师，我想让我的梦想变成现实，我要做一名像您这样的心理咨询师，去陪伴每一个曾经的'我'去成长。没有幽静的山林，我就打造一个温馨的咨询室。"

何芳接着又有点神秘地说："冯老师，我昨晚又梦到悬崖了，您猜后来发生了什么？"

我看着她神秘的样子，忍不住笑道："是不是从悬崖上摔下去，才发现这个悬崖其实是假的？"

何芳惊讶地看着我："您怎么知道的？"

我说："日有所思，夜有所梦，我看你现在的状态猜的。"

何芳两眼放光："原来是这样啊，冯老师，我是真的从悬崖边得到重生了。想要帮助别人，我还需要从头学起。我要认真去学习了。"

走到门口，何芳忽然想起什么，又回头冲我道："冯老师，我贷款的问题也解决了，今天来不及，有时间我还想告诉您我是怎么解决的。"

怎么解决的不重要，但是我相信，她一定能妥善解决。因为一个人只要有了解决问题的能力，自然会想出解决问题的办法。

第三节　先谋生，再谋爱

择一城终老，遇一人白首，是心妍最大的人生梦想。曾经，她以为自己实现了这个梦想，然而到现在她才发现，一切都不过是自己的一厢情愿。

叶旭已经第四次向她提出离婚了。第一次和第二次是因为两夫妻吵架，叶旭说了离婚之类的气话；到了第三次提出的时候，心妍马上报名了某情感咨询机构的亲密关系课程，成功地暂时挽留住了叶旭；但这一次，他却是在短信里突施冷箭，从那天开始就再也没回过家。

心妍不愿离婚，把自己关在家里不吃不喝。六十多岁的父母看着女儿颓废的样子，老泪纵横地求她不要再自我折磨。可心妍完全听不进去，她看着爸爸妈妈，只是不停地重复："我活着还有什么意思呢？"

可怜的二老对女儿的事情一筹莫展，他们找到我，恳求我救救他们的女儿。心妍的妈妈抹着眼泪说："冯老师，我们没有别的要求，我们只想她能好好吃饭，好好睡觉，再这样下去，这孩子非生病不可呀。"

看着两位老人无助的样子，我很心疼，但也只能无奈地告诉他们，总得当事人自己有求助的意愿，我才能给予她帮助。我安慰他们："给女儿一些时间，她一时接受不了这个打击，你们不要过于心急，先陪伴她度过这个至暗时刻，她会慢慢恢复理智。"

被定格的人生

一周后，心妍在父母的陪同下，预约了我的咨询。

父母把心妍送到咨询室，然后用期望的眼神看着我，我对他们点点头，他们才缓缓地退出去。

坐在我斜对面的心妍，身上还穿着居家服，头发也有些凌乱，一脸憔悴。她低着头说："冯老师，我本来不想来的，可我对不起我爸妈。我这么大了，还让他们操心。"

我看着心妍，温和地对她说："孩子遇到事情，父母不可能不操心。那你自己呢？你希望我给予你什么帮助呢？"

"我恨他。"心妍的眼里流出两行泪水，"他说他会爱我一辈子，养我一辈子。可是现在，我们还没离婚，他就不再给我钱了。父母年纪大了，我不想再拖累他们了。"

"你还这么年轻，完全可以靠自己养活自己的。"

"我一毕业就结婚了，从来没有工作过。与社会脱节这么多年，我没有能力养活自己。"心妍的声音越来越低。

心妍大学一毕业就结婚了，她今年才27岁，对很多人来说，这正是奋斗的黄金年龄，并且他们夫妻短期内还没有生育的计划。而心妍却在这个风华正茂的年纪里，过早地为自己的人生盖棺定论。

巨婴

虽然家里经济条件一般，可父母对心妍是绝对的富养。她上大学之前，没有洗过一次衣服，没有叠过一次被子。

有一段时间，她对做家务很感兴趣，可每次她准备切菜，妈妈就说：你切得太粗了，还是我来吧。她准备拖地，妈妈就说：你拖不干净，我来吧。

心妍就像一朵温室里的鲜花，被妈妈精心保护着，不知道外面的世界居然还有狂风暴雨，还有严霜冰雪。

刚上大学的时候，离开父母的心妍很不适应。十一月的北方，宿舍楼里没有热水，洗衣服的时候，心妍提着水壶去开水房跑了好几趟，花了整整一个下午才洗完三件衣服，累得她躺在床上直掉眼泪。还有两次，心妍被检查宿舍卫生的老师批评被子叠得歪歪扭扭。心妍已经很用心地去叠了，她很委屈，一连几天都缓不过劲来。

不过，这种难熬的日子并没有持续很长时间。因为到十二月她就认识了男友，也就是现在的老公叶旭。叶旭对心妍的宠爱一点都不亚于她的爸爸妈妈。每个周末，叶旭会把心妍的脏衣服都收回去洗干净，还会买很多零食"贿赂"她的舍友，让她们对心妍多加关照。

美好的时光总是太匆匆，转眼他们就迎来了毕业季。叶旭很快就入职了一家大公司，而心妍却总是高不成低不就的。看着愁眉苦脸的心妍，叶旭心疼地对她说："我来负责赚钱养家，你负责貌美如花就好。"

那一年，心妍披上洁白的婚纱。她觉得自己是全世界最幸福的新娘，她也相信，她会一直这样幸福下去。

新婚的日子，心妍依然幸福得犹如童话故事里的公主。叶旭每天下班回来，就带心妍去吃好吃的，然后逛街或看电影。他说，他们的婚姻不会是爱情的坟墓，而是爱情的升级。

在爸爸妈妈与叶旭的百般宠爱下，心妍放弃了很多成长的课题，以至于她虽然身体上已经长大成人，但心理上还是一个处处依赖他人的未成年人。如果能这样被宠一辈子，也不失为一种幸福，但是，对于绝大多数正常人来说，谁也不希望找的另一半是个巨婴，因为婚姻的本质是互相满足。当爱情的荷尔蒙完全散去，当柴米油盐的琐碎替代花前月下的浪漫之后，叶旭还能对心妍始终如一吗？答案自然是否定的。本来分手也是生活里很正常的一件事，但对心妍这样一个心理尚未成年的人来说，被抛弃，那种失去依赖的恐惧感，会让她无法承受。

成长的代价

他们的爱情是从什么时候开始变质的呢？心妍仔细地回想他们在一起的点点滴滴。那是结婚第二年的时候吧，有一次，叶旭在外地出差，心妍一个人在空荡荡的家里，她觉得很无聊，就打电话让叶旭陪她聊天，可是叶旭说他刚刚加完班太累了，心妍不肯挂电话，叶旭便不耐烦地直接挂断。

那是叶旭第一次"粗暴地"挂断她的电话，心妍委屈地哭了很久。那次叶旭回来后向心妍道歉，并买了礼物补偿。但心妍的内心却隐隐觉得叶旭不再像从前那般对自己百依百顺了。

这让心妍内心的不安全感与日俱增。她开始变得疑神疑鬼，每次叶旭回家，她都要查看他的手机；每次他出差或者下班晚了，心妍便控制不住地总想问问他在哪里。有的时候，叶旭会配合她；有的时候，叶旭会表现得有些烦躁。她对叶旭说："我只是想获得一份安全感，你能理解我吗？"叶旭的反应往往是点点头，表示理解。

但她没有想到，有一天，叶旭还是向她提出了离婚。她哭着问他为什么，是不是喜欢上了别人。但叶旭只是淡淡地说，和她在一起太累了，她是一个永远也长不大的孩子，他不敢想象，如果以后他们再有了孩子，他将会承受怎样的压力,他承受不住了,希望心妍放他一马。

"冯老师,我也知道,我整天在家无所事事,才会疑神疑鬼的。但是,我想要的仅仅是一份安全感,他也说过,他能理解。他去哪里告诉我一声,多关心关心我,不就行了吗?这很难做到吗?"心妍不解地看着我。

三岁之前,父母给予孩子及时的满足与回应,孩子就会在内心建立安全感,有了安全感的孩子会对周围的人与世界产生信任感,从而去勇敢地探索世界。

不知道从什么时候开始,安全感这个词成了很多成年人用来索取的最好说辞。但是,成年人之间的关系,不可能一直处于一方索取而另一方付出的状态,长久的关系一定是互相满足,处于一个动态的平衡之中。当关系失衡,破裂是迟早的事情。每一个成年人都应该清醒地认识到这一点。

心妍之所以沉溺在被抛弃的痛苦之中,是因为她不愿意走出自己的舒适区,因为成长与独立必然要伴随痛苦。从某种意义来说,叶旭提出离婚,对心妍的成长来说,是一个很好的契机。因为,独立是每个成年人都不该逃避的课题。

终于,心妍点点头,她说:"冯老师,您说得对。我承认,我害怕离婚的一个很大原因,其实是不敢一个人面对未来的生活。我在用怨恨掩盖我的恐惧。"

不对等的关系

能够看到自己的问题,心妍已经迈出了很大的一步。我和心妍商量,可以与叶旭做一个对话,重新审视自己的这段感情。

心妍开始回顾以前与叶旭在一起的画面,都是叶旭在照顾她:叶旭拖着疲惫的身体下班回到家，看到心妍不开心，然后就去哄她；周末，当心妍还在睡觉，叶旭起来把衣服都收到洗衣机里，然后被领导一个电话叫到电脑前去加班，忙完再把洗好的衣服拿出来晾好……

"想对他说什么呢？把想说的话都说出来吧。"我鼓励心妍。

"老公，对不起。"心妍的声音变得哽咽，"一直以来，都是你一个人在付出。你工作那么累，我没有替你分担，还总是给你找事，去考验你的爱。你太辛苦了，对不起，希望你能原谅我。"

"看看他的反应是什么？"

"他一言不发，他已经下定决心要和我离婚了。"心妍的声音无奈而凄凉。

"还有什么想对他说的吗？"

心妍讨好地对叶旭说："之前，我觉得一个人爱我，就应该对我无条件地付出。但现在我知道了，你也是人，你也需要关心，希望有人分担。我已经看到了你的不容易，老公，我不应该一直躲在你的羽翼下，我以后会和你一起承担生活的重担。"

"他还是不说话，他已经对我彻底失望了。"心妍的眼泪又开始不停地往下掉。

我问心妍："如果他已经不愿意再回头，你怎么看这件事情呢？"

心妍低头不语，过了很长时间，她才说："我能理解他为什么提出离婚，是我不好。但在我看来，离婚意味着自己很失败，所以我还是很难受。"

为什么离婚会意味着失败呢？这是因为心妍没有看到自身的价值，她的价值来源于外界，来源于和别人的关系。

一个人的价值，来源于被人需要与获得成就。心妍小的时候，妈妈不让她干活，剥夺了很多她付出的机会，所以心妍的价值感很低。但是在一个人的成长过程中，总有体会到价值感的时候。我和心妍约定，下一次咨询，我们一起去找到这些时刻。

被遗忘的价值

再坐在我斜对面的心妍，穿了一件裙子，头发也梳了起来，脸上也有了些光泽，年轻漂亮的女孩稍微一收拾便光彩照人。

引导心妍放松之后，我让她去回想从小到大有没有为别人付出和获得成就的时刻。

那时心妍大概六七岁吧，妈妈感冒了，在床上躺着，心妍在床边的小桌子上画画。她听到妈妈在咳嗽，就跑到厨房去接了一杯热水，走到妈妈床边，叫妈妈喝水。妈妈睁开眼睛，看到小小的心妍一脸关切的样子，赶紧坐起来接过水杯。喝完热水，妈妈摸摸心妍的小脸蛋："宝贝，妈妈觉得舒服多了，你真能干，都可以照顾妈妈了。"那一刻，心妍觉得很自豪，她为能照顾妈妈而开心。

初中的时候，心妍有一次期末考试语文考了全年级第一名，她的作文被拿到各个班级的语文课上当范文读。当时，老师在全班同学面前表扬心妍情感丰富，观察入微。心妍为此开心了好几天，她觉得自己很优秀。

大学的时候，心妍在学校的舞蹈社团举办的演出中表现出色。师姐说，心妍悟性极高，才刚加入社团一个月就能登台了，等到了大二就可以做领舞了。也正是在她第一次登台演出的时候，叶旭对心妍一见钟情。叶旭看着舞台上的心妍，感觉她就像仙女下凡一般，只一眼就深入心底。那时候的心妍是自信满满的，她觉得自己很优秀，也很可爱，值得拥有一切美好。

一幕幕的回忆让心妍泪流满面，她说："冯老师，这几年我过得太堕落了，以至于自己都不知道自己曾经也是做成过很多事情的。我今后也可以靠自己来养活自己。"

未来可期

那次咨询结束后，心妍马上给已经搬到公司宿舍的叶旭打了一个电话，同意了离婚。心妍告诉我，从民政局出来后，她并没有像自己曾经想象的那般无法接受。她告诉我说，整个过程她还是很平静的。回家后，她给几家公司投递了简历，来咨询之前，她刚刚收到了一家公司的面试通知，咨询结束后，她就会去面试了。她相信，未来还是可期的。

这次咨询，我让心妍展望五年后的生活。

五年后的心妍在一家公司上班，和同事们的关系相处得很好，下班后，和大家一起出去玩，日子过得很充实。一天刚下班，她听到了短信的提示音，是她的工资到账了。她拿着自己赚的钱给爸爸买了毛衣，给妈妈买了围巾。

爸爸和妈妈看到她回来了，妈妈连忙站起来，要去给她做好吃的。心妍拉住妈妈："妈妈，您已经照顾我三十多年了，让我来为您和爸爸做一顿饭。"

心妍站在厨房,把菜洗干净,然后切菜,开火上锅,炒菜。做完一顿饭,心妍觉得腰酸背痛,胳膊都有点抬不动了。她说,自己从小到大总是吵着要妈妈给自己变着花样做各种好吃的,她从来没有想过,做饭其实这么累。

吃完饭,心妍像妈妈往常一样,洗干净碗后,又擦干净了灶台,拖干净了厨房和餐厅的地板。然后她拉着爸爸试穿自己买的毛衣,给妈妈围上自己买的围巾。看着爸爸妈妈合不拢嘴的样子,心妍忽然觉得,自己对工作也有了一种全新的认知,更有了努力工作的动力。

心妍坐在办公桌前,想着为爸爸妈妈花钱的快乐。她下班后,报了提升专业技能的课程,每天除了工作就是上课与陪伴父母。上课学习让她体会到了钻研与投入的快乐,陪伴父母让她感受着爱与温暖的流动。她的状态越来越好,收入也跟着水涨船高。

心妍的脸上浮现出自信的笑容,她睁开眼睛,看着我说:"以前我不赚钱,总想着物质享受,内心却是空虚的。而现在,面对那些曾经痴迷的名牌衣服、包包,我却觉得索然无味了。靠自己的努力撑起一家人的欢颜,这是赚钱最朴实的现实意义。您说对吗,冯老师?"

我微笑着冲她点点头。

"想想自己之前觉得离开老公就活不下去的样子,真是太没必要了。"心妍自嘲地笑笑。

一切都是最好的安排

最后一次咨询的时候,我和心妍对前面几次咨询做了复盘与梳理。心妍说，她曾经觉得，"苦难是最好的老师""一切都是最好的安排"这类型的话，都是骗人的鸡汤，而只有自己亲身经历过，才悟到，这些话不是鸡汤而是真理。

从前，她生活在父母与前夫的庇护之下，觉得那种"不经世事永天真"的人生是一种幸福。但现在，她有了不一样的想法，如果说少年时的天真是一种可爱，成年后的天真，真的是一种可悲。

如果叶旭没有提出离婚，她可能会浑浑噩噩地一直那样生活下去，即使他们的婚姻能一直维持，她想想未来的日子，现在也有种后怕的感觉。她在婚姻中完全处于一种"停滞"的状态，而叶旭却一直被生活推着不断成长，他们的差距会越来越大，而以她当时的认知水平，等到他们有了孩子，也会被她养废。而自己由于不学习、不成长，被丈夫嫌弃，被孩子反抗，估计也看不清是什么原因，迟早会活成一个怨妇。讲到这里，心妍自嘲地说："冯老师，如果我是个男人，也受不了我这样的女人啊。"

她现在很感谢叶旭，在她还年轻，一切都还来得及的时候，给她这次成长的机会。她刚毕业的时候，找工作总想着轻松，要不出差、不加班，还要环境好，如果当时自己没有结婚，在职场中估计也是整天抱怨，做不好工作。虽然看似浪费了五年的职场时间，但其实人在心态不端正的时候，也不会取得任何成绩。久旱才会觉得甘霖之可贵，有了前几年的躺平，才会更加体会到成长的价值。所以，一切都是最好的安排。

后 记

再次见到心妍是三年后了。心妍参加了一个亲子心理课程。课程结束后，她来找我。她告诉我，她已经再婚了，参加亲子课程是为了当一个好妈妈。

心妍说，刚离婚后的那段时间，她把全部的精力与时间都用在工作与陪伴父母上，其实也是因为对感情失去了信心。

有一次，她出差的时候居然在高铁上遇到了叶旭，她当时穿着职业装，正在低头用笔记本电脑整理资料，听到叶旭的声音，才发现他居然和自己在同一班列车上。她从叶旭惊讶的表情里忽然悟到：其实很多看似很相爱的人，彼此的了解都很肤浅。她贪恋叶旭给她的照顾，而叶旭也是带着一见钟情的美好想象，着迷于那位翩翩起舞的仙子。说到底，他们都不过是在通过对方爱自己罢了。所以太年轻的爱情，往往会抵不住日常的烦琐与变故。

到站后，叶旭问心妍是否可以保持联系。心妍拒绝了，不是因为还有怨恨，而是因为在自己没有真正成熟之前，是不懂爱的。先谋生，再谋爱，只有在谋生的过程中成长为一个自给自足、自我丰盈的人，有了付出的能力之后，人才有资格去谈爱。

心妍的现任是工作中认识的。她说，在现任那里，她找到了同频的感觉，而最重要的是，她觉得自己已经足够强大，强大到不惧感情中可能的变故，也不幻想对方用自己渴望的方式来对待自己。

"人总归是要先让自己富足起来，才能谈别的。"心妍像是在对我说，又像是在对她自己说。

做咨询工作多年，我越来越确认一点，就是"人本富足"。一个人无论遇到了什么样的困难，只要能把内心的力量激发出来，人就会变得强大。所以，只要你相信自己是富足的，生命中遇到的每一个人，走过的每一段路，都是有意义的，都会成为自我实现路上的财富。

第四节　通往现实的梦境

韩露和朋友合伙开了一家工作室，说是合伙，但钱都是她一个人出的，在各种准备都做得差不多的时候，因为合伙人之间意见不合，让韩露焦虑不堪，并决定解散工作室。事后，韩露又感到很后悔，仅仅是因为一些很小的事情，就把付诸很多心血的工作室解散，怎么想都觉得自己太冲动了。

但这已经不是第一次了，好几次，韩露都在快要做成功一件事情的时候，因为一些不起眼的原因，就把自己付出很多时间与精力的事情搞砸。

"冯老师，我是不是有什么问题呢？总是自己给自己使绊子。我是和钱有仇呢，还是和我自己有仇呢？我既想赚钱，但好像又怕赚钱，我真的不知道自己想要的究竟是什么了。"韩露的脸上显出一抹既痛苦又无奈的表情。

从梦幻开局到痛失好局，韩露已经经历了好几回，我觉得她美好的初心和梦想是一个非常好的切入点，可以从一个正向的引导开始。

人间仙境

我引导韩露通过深呼吸放松身体。韩露说，她的眼前出现了一幅美丽的画面。

碧绿的草地一望无垠，湛蓝的天空中，白云只是随着微风，慢慢地飘移。

远处是一座精致的木屋，袅袅炊烟从烟囱里缓缓飘出，仿佛在宣告着，屋子里正煮着一锅美味的佳肴。

屋前的草地上，几个孩子正在玩耍，他们时而你追我赶，时而在草地上打滚嬉笑。阵阵笑声传出，在草地上欢乐地飘荡着。

旁边，一群雪白的小羊跑来跑去吃着青草。实在太可爱了！韩露盯着小白羊，眼睛久久不肯挪开。一只小白羊边嚼着草，也边盯着韩露看。

"这里太美了，这就是我理想中生活的地方，轻轻松松地赚钱，轻轻松松地生活。"韩露的脸上充满着向往的神情。

碧绿的草地，湛蓝的天空，清澈而美好，这说明韩露的内心还是充满正面力量的。情景里出现的房屋一般代表来访者的心房，精致的木屋、袅袅的炊烟代表韩露的心灵在理想中也不失现实感。嬉笑的孩童、可爱的小白羊，这么温馨且生活化的场景，是韩露内心世界的写照。

这些非常正面的意象，也能解释韩露为什么在一次次失败之后都能重振旗鼓，很快就上手新的项目。她内心有强大而美好的一面，她渴望一种轻松而美好的生活，正如她所看到的画面，是一种宛如世外桃源般美好的场景。那现实中，她总在愿望快要实现的时候出现一个意外，而这个意外，连韩露自己也感受得到，是一种害怕愿望实现的恐惧感。这份恐惧感从何而来？究竟是什么阻碍了她去追寻理想的生活呢？

韩露告诉小羊："我很喜欢这里，我想在这里生活。"小羊说："你可以的，你只要放心大胆地去做就行了。"重复这句话的时候，韩露的眼前出现了完全相反的画面。

美丽的草原不见了。眼前一片昏暗，黑暗中，韩露看见了爸爸的身影。"这里太黑了，我不喜欢这里，我想走出去。"韩露的脸上现出恐惧的表情，音调里也带着哭腔。

黑暗的环境往往代表着被压抑的负面情绪，我首先需要做的，是帮助韩露把压抑的情绪释放出来。

"大声地喊出你的需求，想哭就哭出来。"我鼓励韩露。

"我不要待在这里，我要走出去！"韩露哭喊着。重复了很多次之后，她的情绪才渐渐平静下来。

金钟罩

待韩露平复心情后，我引导她回溯自己小时候的情景。

那时大约四岁的韩露随父母到奶奶家小住几日，有一天，一场大雨让土地变得软绵绵的。雨后，她在院子里认真地用泥巴在堆着一个城堡，看着城堡一点点变高，韩露高兴地欢呼起来。这时，爸爸从屋里出来，韩露兴奋地指着城堡给爸爸看，可是爸爸瞬间皱起了眉，然后严厉地批评她："看你的身上，全是泥巴，真脏。"说着，便走过去把韩露抱了起来。韩露想继续完成她的"艺术品"，哭着表示反抗，可是爸爸根本不理会，直接把她抱到屋里，让妈妈给她洗澡换衣服。小小的韩露受到挫折，不肯配合大人，爸爸在她屁股上使劲打了两下。韩露吓坏了，不敢再反抗，只好乖乖地跟着妈妈去洗澡。

小学的时候，学校设置了一些兴趣班，韩露想报一个武术班，她觉得武术班的老师特别酷,她也想像电视剧里的大侠一样,练出"金钟罩""铁布衫"。韩露回到家把这件事情说给爸爸妈妈听,爸爸首先发言道:"一个女孩子,舞枪弄棒像个什么样子。"韩露又用恳求的目光看着妈妈,妈妈迟疑了一下,也对爸爸的观点表达了赞同:"是啊,你现在觉得好玩,练武其实特别累,你肯定练几天就不想练了。"在爸爸妈妈的反对声中,韩露只能压下内心的愿望,在每个武术班开课的日子,她羡慕地看着报了名的同学们兴高采烈地奔向武术班的教室,内心翻涌着委屈与不甘。

还有一次是初二的时候,学校举行歌咏比赛,要每个参加的孩子都购买化妆品和统一的服装。韩露很珍惜这次机会,因为老师说她的嗓音好,可以当领唱。可是,这件事情还是遭到了爸爸妈妈的反对,他们认为女孩子要自然简朴,打扮得浓妆艳抹的像个什么样子。从此以后,韩露什么活动都不想参加了,每次刚有了一丝兴奋,爸妈的黑脸就出现在脑海里,让她再也没有了兴趣。

"我的爸爸妈妈就是这样。每次我想做点什么,他们就会一盆冷水泼过来,尤其是我爸爸,永远都在否定我、打压我,见不得我开心。"韩露说。

追求美好、追求成就,是人天生自带的一种力量,会在特定的情境中表现出来,比如幼小的韩露希望堆一个漂亮的城堡,童年的韩露渴望练就一身武术,少年的韩露梦想成为优秀的领唱,以及成年后的韩露希望做出一番事业,过上美好的生活。

那父母的阻碍会造成什么影响呢?就是让韩露把这些本能压抑下去。在她逐渐长大的过程中,每当有了一些自我实现的愿望时,即使父母已经不再干涉,但她的"内在父母"也依然会站出来指责她,施加给她一个被动触发的、让她无法施展身手的"金钟罩",这让她屡次压下自己的心愿,不敢实现自己的愿望。她有多少实现愿望的欣喜,就有多少自我破坏的力量。两股力量的不断转化,造成韩露的心理总处于纠结之中。

潜意识的智慧

"我好像明白一些了,每次在快做好一件事情的时候,总感觉会有破坏的力量出现。应该就是我的内在父母在批判我做得不对。"

当潜意识被呈现,改变就在发生。

我问韩露:"现在能看到什么画面吗?"

韩露看到了一点亮光。原来,亮光是从一扇门缝里射进来的。

"打开门看看,外面是什么?"

韩露现出了惊喜的表情。随着门被打开,她眼前出现了另一幅美丽的画面。

一条清澈的小溪潺潺流过,波光粼粼、沁人心田。小溪的旁边是一座金光闪闪的房子,房子前面站着一位仙风道骨的老爷爷,鹤发童颜,宛如仙翁下凡。

看到韩露,老爷爷笑着招呼她:"你可来了。这里的东西都是留给你的,你来了,我就可以放心地走了。"

老爷爷消失了,韩露的眼前出现一箱一箱的珍珠、宝石、黄金。

"看着这么多珠宝，你是什么感受呢？"我问韩露。

"我值得拥有，我能配得上它们。"韩露毫不犹豫地说。

仙风道骨的老爷爷象征着智慧，韩露是一个很有智慧的人，她潜意识里的智慧告诉她，她是值得拥有一切美好的。而珍珠、宝石、黄金都是财富的象征，以前韩露被父母打压，她认为自己不值得拥有美好的东西，但内心深处还有一个声音，这个声音并不赞同父母的观点。而现在，她内心深处的智慧已经引导她看到了自身的价值，所以，她可以毫不犹豫地说出自己值得拥有。

朱建军教授在《我是谁：心理咨询与意象对话技术》一书中说："意象本身就是心理能量的载体，一个心理的冲突或者一个情节以一个意象的形式出现时，这个情节的能量就附着在这个意象上了。当它转换为另一个意象的时候，这个情节的能量就会附着在新的意象上。"

所以说，只要来访者在潜意识里出现的负面意象转变为正面意象，他的负面能量也便转化为了正面能量，表现为积极的情绪。

通过一系列意象的转化，韩露看清了自己问题的症结，也找到了自己值得拥有财富与美好生活的信心。接下来需要做的，就是从梦境般的场景中，找到一条通往现实的路。

教育与反教育

"你计划如何分配这些珠宝呢？"我问韩露。

"我要把它们送给需要的人。"韩露说。

这时，韩露听到一个声音："我的腰好痛好痛啊。"是一个老奶奶在说话。接着,又出现一个喉咙不舒服的老爷爷,还有一个阿姨说她的腿摔断了。

韩露给了他们很多钱,让他们去看病。看着他们痛苦的样子,韩露想起来有一种药可以治好他们的伤痛。于是,韩露拿了药送给他们,他们用了药之后,很快就康复了。

"幸亏你给了我们药,解除了我们的痛苦。你太厉害了。"大家都夸奖韩露,来找韩露求助的人越来越多了,韩露忙不过来了。

"可以叫爸爸妈妈来帮忙。"我提醒韩露。

爸爸妈妈出现在了现场,他们和韩露一起,把药分发给大家。许多人在用韩露的药。神奇的一幕出现了,很多人刚来的时候,都带着各种病痛,但涂上了药便都活蹦乱跳,喜笑颜开了。

渐渐地,药物散发出来的气息变成了一个罩子,然后越变越大,只要进入这个罩子下,人就会变得健康、安全。

在他们一家三口的共同努力下,很多人都摆脱了痛苦,得到了健康与安全。爸爸妈妈的脸上都充满了笑容。他们感受到了付出的快乐,也看到了女儿的价值。

在这个画面里,爸爸妈妈看到了韩露远比他们想象的更能干、更优秀。爸爸妈妈看到孩子的价值后,大部分父母的态度会转变,也会看到曾经对待孩子的方式是错误的,这几乎是不变的规律。

无论是韩露的爸爸妈妈,还是其他的家长,对孩子的打压、泼冷水、不满足他们的需求,出发点其实都是"爱",因为在他们的眼里,孩子是无能的，是需要他们保护与教育的，他们不知道这种错误的观念与表达方式会伤害到孩子，甚至给孩子造成一生的困惑。当让他们亲眼看到，自己的孩子并不像他们想象的那么无能、处处需要他们的指点，孩子本身有足够的智慧与能力安排好自己的生活，并且做出比他们更大的成就，让现实去"教育"父母，父母才会反思，才会成长。这也是与父母和解的最好方式。

最近几年，"原生家庭"是一个很火的话题，对原生家庭的研究，让很多人看到了自己问题的根源，使他们更好地成长，但是也让一部分人找到了自己不作为的"遮羞布"，把自己的任何不如意都归罪到原生家庭的头上。这样做的结果，就是父母一直在等待孩子的感谢，孩子一直在等待父母的道歉。

其实没有完美的原生家庭，很多人都从原生家庭中受到过或重或轻的伤害，只是，成年之后的我们，该如何看待与处理原生家庭留在我们心里的创伤。只要不沉溺于这个创伤，你就一定能走出去，并且利用这些经历使自己更好地成长。

彼得·莱文说，因为每种伤害都存在于生命内部，而生命是不断自我更新的，所以每种伤害里都包含着治疗和更新的种子。

伤害并不可怕，关键在于我们是否愿意成长。我的很多来访者都曾说，当心理障碍解除的那一刻，他们觉得自己在这个过程中的成长比之前几年甚至几十年的成长都要飞速。他们甚至感谢这些心理障碍，让他们有了成长的契机。

而且，我们通过自我成长摆脱掉家庭曾给予我们的禁锢之后，我们会以一种更高的视角看到当年父母的局限与无奈，从而通过我们的成长带动父母的成长。因为家庭是一个整体，整体之间的部分是互相影响的。

韩露眼前的画面切换，回到了小时候。

韩露对妈妈说："可以给我一块钱去买零食吗？我想自己支配钱，想买什么就买什么。"

妈妈爽快地掏出十块钱递给韩露："你自己做主吧。"

韩露又对爸爸说："可以给我一百块钱去买参加比赛的新衣服吗？"

爸爸给了韩露五百块："你想买什么就买什么，我相信你完全可以支配好自己的钱与生活。"

"这时候的感受怎么样呢？"我问韩露。

韩露说："感觉创业路上的那些羁绊都消失了。"

为什么父母的态度变了，韩露会感觉创业路上的羁绊就消失了呢？

延迟享受要兑现

心理学界有一个大名鼎鼎的实验，叫棉花糖实验。最初做这个实验的人是美国心理学家沃尔特·米歇尔，他把一些四岁的孩子分别带到一个房间里，房间的桌子上放着一颗棉花糖，米歇尔告诉孩子们，自己要离开一会儿，如果他们能忍住不吃这颗糖，等他回来之后，就会再奖励他们一颗棉花糖。

在其后的三十年里，米歇尔的团队一直追踪这些孩子，他们发现，当年能控制住自己等到研究人员回来再得到第二颗糖作为奖励的孩子，成年后的事业发展都比较成功。

于是，"延迟满足等于成功"的观念深入无数家长的内心。奉行这个理论的家长们对孩子的正常需求采取打压、拖延的处理方式，故意不满足孩子。

然而，在2013年，著名的棉花糖实验被彻底推翻。另一个心理学团队重新做了类似的实验，和米歇尔实验的不同在于，一部分孩子在战胜了诱惑，等到实验人员回来之后，实验人员却没有遵守承诺，孩子们没有得到期待的奖励。结果，在后续的实验里，这些被欺骗的孩子由于不信任实验人员，变得更加不愿意等待。

欺骗行为导致了那些曾经被认定为优秀的孩子不再优秀。所以，心理学家们得出了一个新的结论：一个人是否能取得成功，取决于孩子在家庭里受到什么样的对待。

后来，研究人员又扩大了孩子们的数量，并选取了不同社会阶层与家庭背景的孩子，继续进行了类似的实验，结果显示，家庭环境才是决定孩子未来能否成功的重要因素。

处于什么样家庭环境的孩子容易成功呢？父母能给孩子提供稳定的物质与精神，就是孩子在物质与精神上都有安全感，他们不用担心父母答应自己的东西不会兑现，也不用担心做什么事情就会遭到父母的打压。

我们与外界的关系都是与父母关系的投射。从父母那里得到足够支持的人，才能对外界充满信任，全力投入事业之中。

从淋雨者到撑伞人

我让韩露展望一下，还有什么梦想没有实现，十年后想成为一个什么样的人，处于什么样的状态中。

韩露看到很多孩子脸上的表情都很痛苦，因为他们没有玩耍的时间，父母和老师一直让他们学习，他们太可怜了，已经成为了学习机器。

"那你想怎么做呢？"我问韩露。

韩露开展了家庭教育讲座，给家长和老师们讲课。老师、家长和孩子们听着听着，眼里都流露出了惊喜的光芒。之前用错误的方式对待孩子，孩子也累，他们也累，现在，她要把正确的方法讲给他们听。

有个孩子画了一幅画，老师和家长们都惊呆了：他居然画得这么好。因为精神不再被束缚，孩子的想象力就更容易被激发。

另一个孩子讲起了自己的理想，说他的理想是踢足球，他非常享受在足球场上挥汗如雨的感觉。之前，他的理想总被父母打压，而现在父母全力支持他的理想了。

很多学校的老师们都慕名而来，来学习科学的教育方法，说要把这套方法带到他们的学校去。老师们的教学变得轻松，孩子们也学得轻松。他们都开心地说，终于跳出了学习的"苦海"。

睁开眼睛，韩露对我说："冯老师，这就是我想做的事业，但我一直没有开始，我觉得时机已经成熟了，我要让梦境里的事情都变成现实。接下来，我要先学习和钻研，然后开一个这样的机构，这次我不会再半途而废了。我自己淋过雨，我太想为这些还活在痛苦中的孩子们撑起一把伞了。"

后　记

后来，韩露真的开了一家这样的教育咨询机构，听说经营得特别好。

当一个人的财富卡点被消除后,她做什么事情,都会变得顺风顺水。

再后来,韩露来找我,说还想再看看自己的内心世界。

韩露再次看到了她曾经梦想的那片草地,依然美得让人心醉,一只小白羊在那里等着韩露。看到韩露,小白羊咩咩叫着向她跑来:"我们一直在等你,等着你来做我们的主人。"韩露住在了这里,美丽的草原,大大的房子,她轻松地赚钱,轻松地生活,实现了她的梦想。

"冯老师,我在潜意识里经历了一次圆梦之旅,而且,潜意识里的梦境又帮我找到了现实中的圆梦之路。我想,我会带着更多的家长、老师和孩子们实现自己的梦想。"

"你一定会的。"我祝福韩露,也祝福所有心怀梦想的人都能够梦想成真。